不自然な宇宙

宇宙はひとつだけなのか？

須藤　靖　著

ブルーバックス

装幀／芦澤泰偉・児崎雅淑
カバー写真／PlusAlpha
目次・本文デザイン／齋藤ひさの（STUDIO BEAT）
本文図版／さくら工芸社

まえがき――ラガッシュから見た宇宙

ＳＦ作家としても著名なアイザック・アシモフの出世作とされている短編が『Nightfall』（邦題は『夜来たる』）です。その舞台は、６つの「太陽」に囲まれた惑星ラガッシュ。その空には常に複数の太陽が昇っていますから、ラガッシュには「夜」がありません。その惑星の住人はどのような宇宙観を抱くのか、一緒に想像してみましょう。

彼らにとって、直接調べることができるラガッシュの世界と、ラガッシュの外に広がる天の世界は明らかに違います。この天の世界を「宇宙」と名付けるならば、彼らの宇宙の構成要素は、６つの太陽と一面に広がる青空だけです。おそらくラガッシュの自転にともなって、それら６つの太陽の見かけ上の位置は時々刻々変化することでしょう。一方で青空はいつ見ても同じままです。

この観測事実が示唆するもっとも単純な宇宙像は、

・ラガッシュの外には「宇宙」が広がっている

・「宇宙」は青い壁で包まれており、その青い壁は「宇宙」の果てである
・この「宇宙」の中心に静止しているのがラガッシュで、６つの太陽はラガッシュの周りを運動している

でしょう。この宇宙像は、ラガッシュから観測できるすべての現象をうまく説明できます。その意味において十分科学的なモデルとなっています。

もちろんこの宇宙像には満足できない人たちも少しはいたはずです。特に、「我々が住む宇宙の果てである青空の先には何があるんだろう」という疑問が湧くのは当然です。しかし、その先が決して観測できない以上、この問いに科学的な答えを与えることはできません。そのような答えのない疑問に悩み続けるのは、科学者ではなく哲学者の仕事です。

ここで、再び『Nightfall』に戻りましょう。実は、ラガッシュには昔から伝わる神話があるのです。それによれば、ラガッシュは２０４９年ごとに一度だけ真っ暗な洞窟に入り、「夜」を迎えることになっています。そしてこの「夜」の間に、ラガッシュがそれまで築き上げた文明はすべて焼き尽くされ、失われるというのです。ただし、その「夜」の間には、空に「星々」が現れるとも伝えられています。

天文学者は、この「夜」が、たまたま空に太陽が1つだけ昇っているときにラガッシュとは別の惑星がその前を通過し「皆既日食」を起こす現象に対応することを突き止めました。彼らの計算によれば、数時間後にはラガッシュに「夜」が訪れるはずです。『Nightfall』はそこから始まります。

「夜」を知らない住人は、ラガッシュが暗闇に包まれるという恐ろしい状態にはとても耐えられません。あたりのものをすべて焼き尽くすことで、なんとか明るさを保とうとします。そして徐々に太陽が暗くなり、完全にその光が隠された瞬間、彼らは空を埋め尽くす無数の星々を目の当たりにします。その瞬間、主人公は呟きます。

Stars – all the Stars – we didn't know at all. We didn't know anything.

(星々だ。世界は星で満ちている。全く知らなかった。我々は何も知らなかった)

このストーリーの深さは、これだけでも十分感じていただけたことでしょう。さらに、この設定のどこにも難しい科学知識が必要ない点も驚異的です。この地球に夜がなかったとしたら？　あまりにも当たり前すぎて不思議だとすら気づけない事実の奥に、この世界を理解する本質が潜んでいることを見抜いたアシモフはさすがです。

上述の独白に引き続く段落の最後は

The long night had come again.

(ついに長い夜が再び訪れた)

という一文で締めくくられ、『Nightfall』は終わります。アシモフは、ラガッシュの宇宙観がどのように変革したのかをぐだぐだと述べる愚はおかしません。

しかし、無粋を承知の上で、あえて書き連ねるならば、以下の通りでしょうか。

・青空は宇宙の果てではない
・青空の先にある宇宙は膨大な数の星で満ちている
・ラガッシュの近くの6つの太陽は宇宙の主成分ではなく、より広い宇宙を満たす無数の星のほんの一例に過ぎない
・とすれば、ラガッシュもまた宇宙の中では何ら特別な存在ではなく、宇宙に無数に存在するであろう文明を持つ惑星の一例に過ぎない

このように、「夜」を観測するだけで、我々を含む宇宙の理解は格段に進みます。そし

て、この過程は決してどこかで終わるようなものではなく、エンドレスな営みであることもまたおわかりでしょう。すなわち、

・宇宙はこの「夜」の先のどこまで広がっているのか
・宇宙には果てがあるのか
・宇宙を満たす主成分は星なのか
・星々の間にある暗闇には本当に何もないのか
・ラガッシュと同じく文明を持つ惑星を検出することはできるのか

など、さらなる疑問は尽きません。これらは決してラガッシュに特有の問題ではなく、ちっぽけな惑星の表面に閉じ込められ、そこから観測できる限られた情報だけを手がかりとして、広大な宇宙を理解しようとする試みにおいては普遍的なものです。

本書は、このような疑問に、（宇宙誕生後１３８億年時点の地球に生息する）天文学者がどのように取り組んでいるのかを紹介することを目的としています。予めお断りしておきますと、最終的な解答はありません。しかし、本書を通じて、「宇宙」を様々な角度から眺め直し、最後に「我々は何も知らなかった」を実感してもらえるものと期待しています。

不自然な宇宙　もくじ

第2章 宇宙に果てはあるのか？ 宇宙に始まりはあるのか？

第3章　我々の宇宙の外の世界

第4章　不自然な我々の宇宙と微調整 …… 149

第1章

この「宇宙」の外に別の「宇宙」はあるのか？

1-1 宇宙に関する素朴な疑問

例えば小学生に、「宇宙について不思議だと思うことはありませんか」と問いかけたとき、聞かれる質問は大体決まっていて、次のようなものです。

Q1　宇宙に果てはありますか
Q2　宇宙には始まりがあったのですか
Q3　宇宙はある場所が爆発して生まれたのですか
Q4　宇宙人はいますか

大人ならば、それぞれ次のような表現をするかもしれませんが、その素朴な疑問の内容は本質的には同じです。

Q1′　宇宙の体積は有限ですか、それとも無限ですか

Q２′　宇宙は過去のある時刻から始まったのですか、それとも無限の過去からずっと続いているのですか

Q３′　宇宙の膨張とはある点の爆発が外へ広がっていく様子ですか

Q４′　宇宙において（知的）生命が誕生するのは普遍的な現象ですか

いずれにせよ、これらに対する私の「回答」（必ずしも正解という意味での「解答」とは限りません）は以下の通りです。

Ａ１　宇宙には果てはありません。また、体積は「ほぼ」無限と言えるほど大きいことは確かです

Ａ２　宇宙は今から約１３８億年前に誕生したと考えられています。その意味では、この宇宙は、無限に広がった空間と、有限な過去と無限に続く未来を持つ時間とから成り立っています

Ａ３　宇宙の膨張とは、ある点を中心として何かが爆発して広がっているようなものではありません。空間そのものがあらゆる場所で等しくかつ同時に膨張してい

ます

Ａ４　直接検証できる可能性が低いとはいえ、この宇宙のどこかには地球と同様、生命、さらには知的生命が必ず存在しているはずです

しかし、このような答えを聞くと、さらに次々と新たな疑問が湧いてくるのも当然です。例えば、

Ｑ５　なぜ宇宙に果てがないと言えるのですか

Ｑ６　なぜ宇宙は１３８億年前に始まったとわかるのですか。さらに始まる前の宇宙はどうなっていたのですか

Ｑ７　宇宙は「ビッグバン」で始まったと言われていますが、それは文字通り「大爆発」という意味ではないのですか

Ｑ８　宇宙に生命がいると信じている理由はなんですか

などと、つい詰問したくなる気持ちはよくわかります。

これらはいずれもとても本質的な疑問で、まさに宇宙論研究者が現在進行形で取り組ん

でいるテーマに直結しています。本章では、これらについてできる限り詳しく答えてみたいと思います。ただし、それらは現時点でのベストな回答のはずですが、最終的な解答であるかどうかはわかりません。

というのも、宇宙論の最前線は、科学の他の分野とはかなり状況が異なり、小学生であっても、専門家が答えられないような基本的な難問を発することが可能なのです。逆に言えば、人々の好奇心を魅了してやまない基礎的な謎が残っているからこそ、その解明を目指す「お金にならない」宇宙論研究が支えられているのでしょう。そもそも、古今東西を問わず、人々が宇宙の起源や生命の起源といった根源的疑問に惹かれてしまうこと自体が、とても不思議に思えます。ひょっとすると、それは我々がまさにこの宇宙で生まれた生命だから、という単純な事実に依っているのかもしれません。

1-2　「宇宙」と「世界」

「宇宙」という単語を耳にした時、何が頭に浮かびますか。地球の大気圏外、月や太陽系内天体、天の川銀河の中の星々、さらにはその外に広がる無数の銀河。このような天体と結びついたイメージにとどまらず、それらを包み込む器としての空間や時間を想像する人がいるかもしれません。どちらかといえば前者は天文学者的、後者は物理学者的思考に近いようです。私は宇宙自体のことを研究する宇宙論という分野を専門にしているのですが、宇宙論学者にとっての宇宙は、「器」と「中身」の2つからなり、前者が時空間、後者が物質分布（天体に限らず器の中に存在するものすべて）である、というイメージだと思います。

それはともかく、本書では「宇宙」という単語が繰り返し登場します。しかし、それらは文脈に応じて異なる意味で用いられることが多いのです。そこで、ここでまず「宇宙」の意味についてまとめておきましょう。

「宇宙」の語源（の一説）は、紀元前2世紀の中国の思想書「淮南子《えなんじ》」巻十一斉俗訓にあり、「宇」は「四方上下」（三次元空間全体）、「宙」は「往古来今」（過去・現在・未来の時間全体）だとされています。要約すれば、宇は空間的広がり、宙は時間的広がりに対応しているわけです。英語では、空間（space）と時間（time）をあわせて space-time という単語が用いられますから、これは順序も含めてまさに宇宙に対応しています。一方、日本語（中国語でも同じです）では、space-timeを「空時」ではなく、「時空」と訳すことになっているので、順序が逆になっています。この時空という意味での宇宙は、上述の「器」の側面を表しているわけです。

英語で宇宙を示す場合、cosmos（コスモス）とuniverse（ユニバース）の2つがよく用いられます。前者のcosmosは、もともとはギリシャ語で万物の秩序を意味し、混乱を意味するchaos（カオス、あるいはケイオス）の対義語です。これに対して後者のuniverseは、ラテン語で1を表すuniと、変化した／組み合わさったを意味するversusからなっています。つまり、万物が集まって1つとなった全体集合を指す単語です。本書で頻繁に登場するmultiverse（マルチバース）とは、宇宙が１つ（uni）ではなく多数（multi）である可能性を考えて、それら数多くのuniverseの集合を指す単語です（少し意味は違うのですが、１８９５年に米国の哲学者ウィリアム・ジェームズが造ったと言われています）。

興味深いのは、cosmosもuniverseも、時空間という器の意味よりも、その中に存在する物質、さらには、それら万物を支配する物理法則を指している点です。その意味では、space-timeや上述の宇宙の「語源」とは違っています。

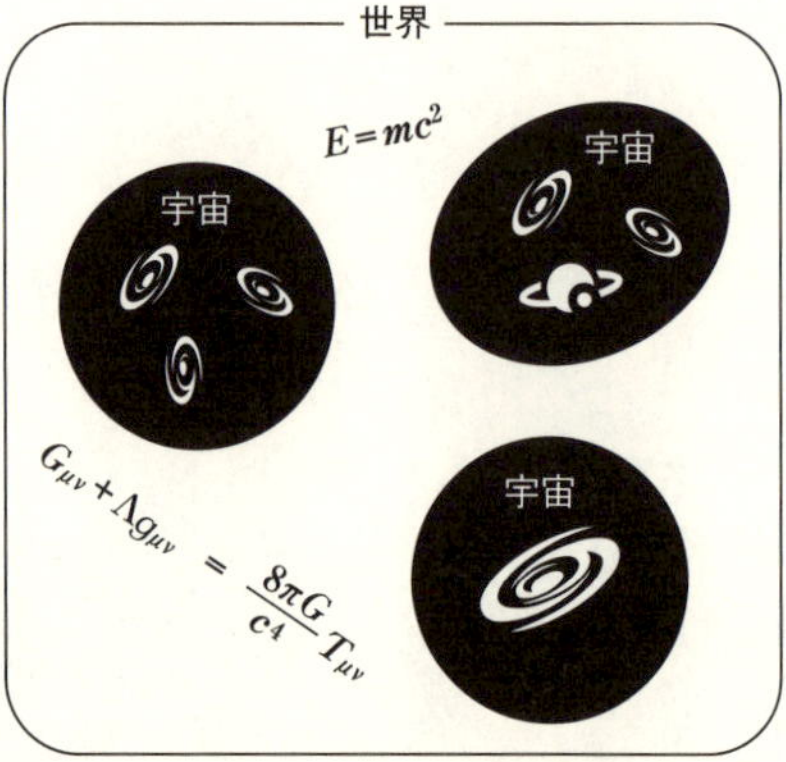

図1-1 「宇宙」と「世界」

私は個人的には、「宇宙」と「世界」を使い分けています。具体的には、「宇宙」よりも「世界」がさらに広い概念であるとみなしています。しかしこれは決して一般的な区別ではありません。それどころか、普通とは逆かもしれません。

私の語感は、天文学や宇宙物理学を実際に研究してきた経験から生まれたもののようです。一般の方々にとって、「宇宙」はかなり抽象的な存在だと思いますが、天文学者にとっては、観測可能な具体的対象なのです。これに対して、「世界」は、地球上での国の集合といった狭い意味に限るものではなく、むしろ「宇宙」を包含するより大きな存在のように思えます。つまり、「器」としての時間と空間、「中身」としての天体や物質分布に加えて、それらの背後に流れている物理法則や自然の摂理、文化や思想、さらには、実際には観測できない他の「宇宙」の可能性までをも含む概念が、私にとっての「世界」のイメージです。

ある本によれば、「世界」は、インドから中国を経て漢語として日本に伝来したもので、「世」は時間、「界」は空間の観念に対応し、「世界」は時間と空間の両方を指す訳語だとのことです。したがって、語源的には私の「世界」のイメージは間違っているのかもしれません。しかし本書では以下、space-time, universe, cosmos に加えて multiverse まで含んだ広い概念として「世界」を用いる場合が多いことを予めお断りしておきます。

1-3 この「宇宙」の外に別の「宇宙」を考える理由

ラガッシュの例からも明らかなように、宇宙をさらに深く理解する試みは、それまでの宇宙観を超えた新たな宇宙観を構築することに他なりません。その意味では、今まで信じられていた「宇宙」の定義を拡大し、より普遍的な「宇宙」を定義する営みは「宇宙の外の宇宙を考える」ことに等しいとも言えます。実際、次節で概観するように、我々人類の科学史は、まさにその宇宙観の変革史に他なりません。しかしながら、本書が主な対象として考察するのは、そのような蓄積的な宇宙観の進歩とは無関係に、これからいかに科学が進歩しようと原理的に知り得ない「宇宙」の姿なのです。その意味において、この「宇宙」とその外にある（かもしれない）別の「宇宙」とは、互いに連続的につながるものではなく、質的に異なる階層であることを前提としています。

次章以降で、より詳しく説明するように、別の「宇宙」を考えたくなる最大の理由は、我々が観測できるこの「宇宙」があまりにも不自然だからです。といっても、「不自然な宇宙」とは一体何なのか、皆目見当もつかないことでしょう。そこで、少し先回りしてその項目だけを列挙しておきましょう。

・この宇宙は物理法則から予想される特徴的な大きさ（10のマイナス33乗センチメートル）に比べて、少なくとも60桁（1兆×1兆×1兆×1兆×1兆倍！）以上大きい
・この宇宙には4つの異なる相互作用（力）が存在するが、その強さは約40桁も違っている
・この宇宙を支配している宇宙定数の値は、物理法則から予想される特徴的な大きさ

　　　　に比べて、約１２０桁小さい

　これらの意味はこれから順を追って説明するので、まだ理解できなくとも問題ありません。とりあえず、観測されているこの宇宙の性質は、物理法則だけから予想される性質とは似ても似つかないことだけは、覚えておいてください。

　この不自然さは、我々が知っている物理法則がまだ完全ではないことを示すに過ぎず、未だ知られていないより根源的な法則が明らかになればすべて解消されるのかもしれません。あるいは全く逆に、宇宙のすべての性質が自然に説明できる必然性はなく、それらは結局偶然に帰着させるしかない、という考え方もありえます。

　前者にしたがえば、宇宙の性質は一意的に決まりますから、いくら多くの宇宙が存在するとしてもそれらはこの宇宙と区別できません。その意味で、別の宇宙を考える意味はありません。一方、後者では何らかの偶然が影響することを認めるのですから、無数の宇宙があれば、それらの性質は全く異なっていてもおかしくありません。そして我々は、その中でも例外的な性質を持つ「不自然な宇宙」に住んでいるというわけです。

　かつて素粒子物理学者の大多数は次のように考えていました。

「この世界は宇宙も含めてすべては法則にしたがっており、我々が住むこの唯一の宇宙の誕生もまた必然のはずだ。それが理解できていないのは、単に現在の我々が最終的な物理学の法則集（究極理論、あるいは万物理論 Theory of Everything）を未だ手に入れていないだけだ。にもかかわらずその解明を諦め偶然に逃避して満足するのは、科学者の怠慢、ひいては科学の敗北宣言に等しい」

これに対して、英国を中心とする天文学者の多くは、全く異なる現実的な立場をとっていました。その考え方は以下のようにまとめることができます。

「世界がすべて必然で説明し尽くせるという信念が正しいかどうかは保証のかぎりではない。それどころか、傲慢にすら思える。そもそも宇宙の誕生が本当に1回だけの事象であるならば、それを必然か偶然かと問うこと自体に意味がなくなる。いっそのこと、無数の宇宙が誕生した（実在している）と考えてはどうか。その中で人間を誕生させる条件をたまたま兼ね備えていた（数少ない）例が我々の住むこの宇宙なのである」

単純に分類するならば、素粒子物理学者は宇宙が1つしかないとする必然論、逆に、天文学者は宇宙が無数にあるとする偶然論、ということになります。特に後者は、無数の宇宙の中でこの宇宙を選択する基準に人間が介在するという人間原理の立場でもあります。

事実上、これら2つの説の真偽を検証することは絶望的です。だからこそ、どちらがより強い説得力を持つのかが重要な判断基準となります。これは伝統的な科学的方法論とは違いますが、実験や観測で検証不可能な問題を考える際には不可避と言わざるを得ません。だからこそ、この「宇宙」の外に別の「宇宙」があるとすれば、それらはどのような形で存在し得るのか、それらの存在を認めることでどの程度不自然さが解消されるのか、といった様々な問題を考え抜く意義があるのです。

「宇宙の外の宇宙」という問題提起こそ、本書のメインテーマですから繰り返し登場し議論されます。したがって、この段階ではまだすっきり納得できずとも、とりあえず先まで読み進めてもらって一向に差し支えありません。ここでは、この「宇宙」の外に別の「宇宙」を考えることは、単なる哲学的興味にとどまらず、それなりの科学的理由を持つ点を、強調しておきたいと思います。

1－4 「宇宙」概念の変遷史

歴史的には、「宇宙」（というよりもむしろ1－2節の意味に近い「世界」）とは何かを理解しようとする人々の好奇心こそが、すべての学問の源流となりました。すでに述べたように、宇宙の概念を広げる営みは、その時点で「この宇宙の外の宇宙」を考えることと等価です。本書のキーワードであるマルチバースや人間原理は、過去の先人たちが繰り返してきた「宇宙とは何か」というエンドレスな問いの延長線上にある自然な概念だと言えます。そこで、古代哲学から現代宇宙論に至る学問史において、宇宙の概念がいかに変遷してきたのかを簡単に振り返っておきましょう。

1－4－1 アリストテレス的地球中心説

エジプト、メソポタミア、インダス、中国の古代文明ではいずれも、それぞれ独自の宇宙像が発達していましたが、それらは神話や宗教と一体化したものでした。しかし、古代ギリシャではより洗練された哲学的あるいは科学的宇宙観が生み出され、その後長い間にわたって影響を及ぼしました。

古代ギリシャの宇宙観は紀元前6世紀のピタゴラスによる「万物は数である」、すなわち「宇宙は数の法則にしたがう」という思想にもとづいています。当然、宇宙は完全な円や球から構成されるべきです。地球を中心として月、太陽、惑星、恒星が同心球殻上に貼り付いて等速円運動をするという地球中心説が、プラトンやアリストテレスの宇宙像ですが、これは基本的にはピタゴラス学派が考えたものです。

ピタゴラスの真意は不明ですが、「宇宙が法則にしたがう」とは現代宇宙論が明らかにしたもっとも重要な事実だと思います。そして本書でも紹介するように、マルチバースの考えにおいても大きな意味を持っています。

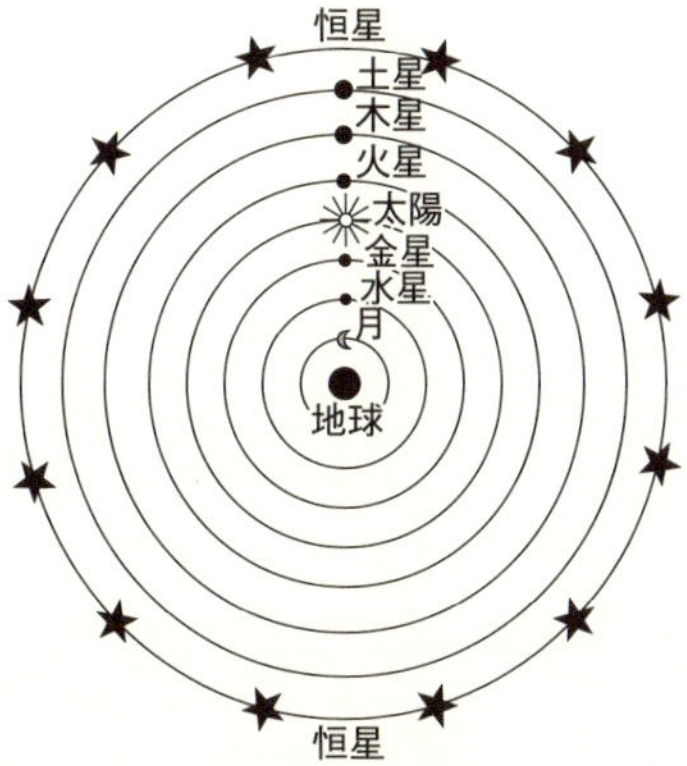

図1-2　地球中心説の概念図

ところで、実は古代ギリシャにも太陽中心説を唱えた人（アリスタルコス、別の名前の哲学者と区別するために出身地をつけて、サモスのアリスタルコスと呼ばれることもあります）がいたのですが、それはあくまで異端の説だとみなされました。実際、2世紀にトレミー（クラウディオス・プトレマイオス）が著した『アルマゲスト』はギリシャの宇宙観たる地球中心説の集大成であり、その後1000年以上にわたって、アラブ・ヨーロッパ世界に大きな影響を持ち続けました。

1-4-2 コペルニクスからガリレオへ

地動説の提唱者として一般に知られているのはニコラウス・コペルニクスです。彼は、トレミーの理論には満足できず、自らの太陽中心説を『天球の回転について』全6巻にまとめました。しかし、カトリック教会の反発を恐れたためコペルニクスはなかなか出版に同意せず、結局彼の死の2ヵ月前である1543年3月にやっと出版にこぎつけました。

にもかかわらず、彼の地動説はほとんど受け入れられなかったようです。それどころか、コペルニクス説を支持し、さらには宇宙が無限であると主張したジョルダーノ・ブルーノにいたっては、火あぶりの刑に処せられてしまったほどです（本書が16世紀に出版されていたら、私も確実に死刑です）。

さて、天文観測にもとづいて太陽中心説を主張したのが、ガリレオ・ガリレイです。ガリレオは、１６０８年に望遠鏡が発明されたという話を聞くと、実物を見ることなく直ちに、天体観測のための望遠鏡の自作を開始します。そして、１６０９年11月末には、当時世界一の性能を誇る全長93センチメートル、口径37ミリメートル、倍率20倍の望遠鏡を作り上げました。彼はこの望遠鏡を用いて、「月の表面は滑らかではなくデコボコ」、「天の川は無数の星の集まり」、「木星はその周りを公転する４つの衛星を持つ」、「太陽に見られる黒点はその周りを公転する天体の影ではなく太陽表面上の現象」、「土星には耳がある」（それが実際は環であるとの解釈には到達していません）など、数多くの重要な天文学的発見をなしとげました。

地球中心説によれば、月や太陽などの天上の世界は完全無欠で不変であるべきなのに、観測結果はそれらとは相容れません。特に、地球が太陽の周りを回っているならば地球の周りを回っている月は地球から取り残されるはずだ、との地動説に対する強力な反論は、木星が４つの「月」を持ちながらともに太陽の周りを公転している観測事実によって無力になりました。ガリレオは地動説を唱えたことでローマ教皇庁から有罪判決を受けたとされています。当時の宗教観から考えると、それはそれで仕方ない気もします。しかし、ローマ教皇ヨハネ・パウロ2世がその判決の誤りを認め、謝罪したのが、ガリレオの死後350年も経った1992年であることには驚いてしまいます。

1-4-3 ケプラーの法則からニュートン的世界観へ

ガリレオと同時代のヨハネス・ケプラーは、ティコ・ブラーエが長期間継続した火星の精密な観測データをもとにして、ケプラーの3法則（図1-3）を発見しました（ティコは毒殺された可能性が高く、データを決して渡そうとしないことに業を煮やしたケプラーが犯人ではないかとの説があるそうです）。これは太陽中心説という定性的な描像の確認どころではなく、地球の軌道が太陽を焦点とする楕円であるという驚くべき定量的結果です。ただし、ケプラーの3法則が紹介されている本のタイトルが『世界の調和』であることからも想像できるように、ケプラーは現代的な意味での科学的推論というよりも、この世界の背後にある神秘的な秩序の存在という観点にもとづいて考察したようです。

第1法則　惑星は太陽を焦点とする楕円軌道上を運動する

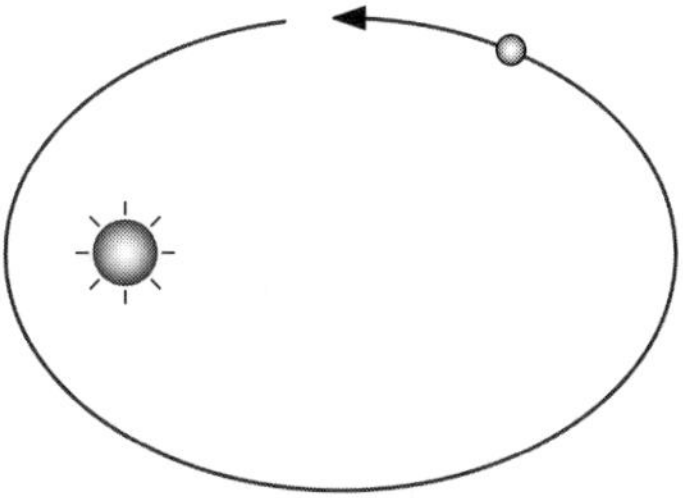

第2法則　惑星と太陽を結ぶ線分が単位時間内に掃く面積（面積速度）は一定である

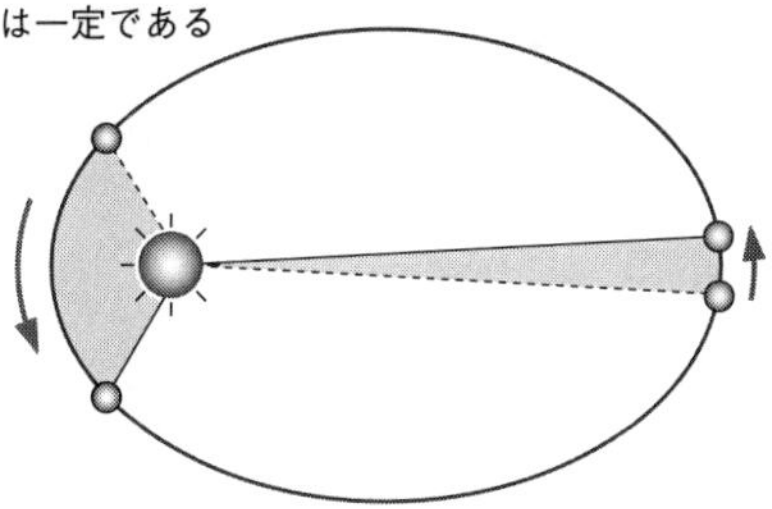

第3法則　惑星の公転周期（T）の2乗は、軌道長半径（a）の3乗に比例する

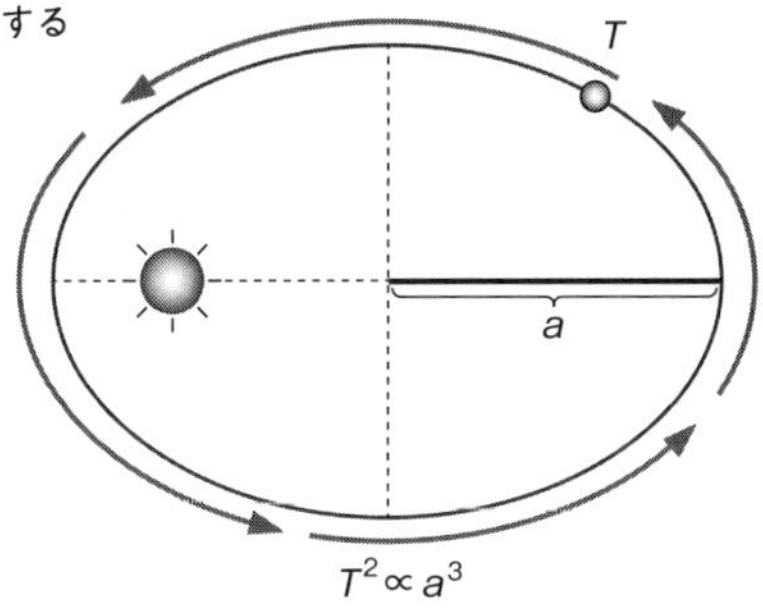

図1-3　ケプラーの3法則

ケプラーの3法則は、その後、アイザック・ニュートンの重力の逆2乗則と運動の法則によって数学的に証明されました。神を信じていたニュートンは決して認めないことでしょうが、これは宇宙（世界）が法則に支配されているとの普遍的な事実を端的に示すものでした。

ところで、地球中心説から太陽中心説への転換は、惑星の運行が、世界の記述というよりも、太陽という1つの恒星の周りの運動に過ぎないことの認識でもあります。つまり、宇宙あるいは世界がはるかに大きなスケールの存在であることを認識させてくれます。とすれば、宇宙は無限かどうか、という根源的疑問が再度湧き上がってきます。ブルーノが無限宇宙論を唱えたために処刑されたことはすでに述べました。ニュートンは、宇宙が有限であれば自己重力でつぶれてしまうだろうと考えて、密度がいたるところ同じで無限に広がった宇宙（一様無限宇宙）を好んだようです。

確かに広がった空間の中のある限られた領域にだけ物質が詰まっているような状況を想像すれば、その領域は重力のために徐々に収縮してやがてはつぶれてしまうような気がします。一方で、一様密度で無限に広がった領域であれば重力はあらゆる方向で相殺してしまい、つぶれることはなさそうです。この直感的な説明は厳密には正しくないのですが、

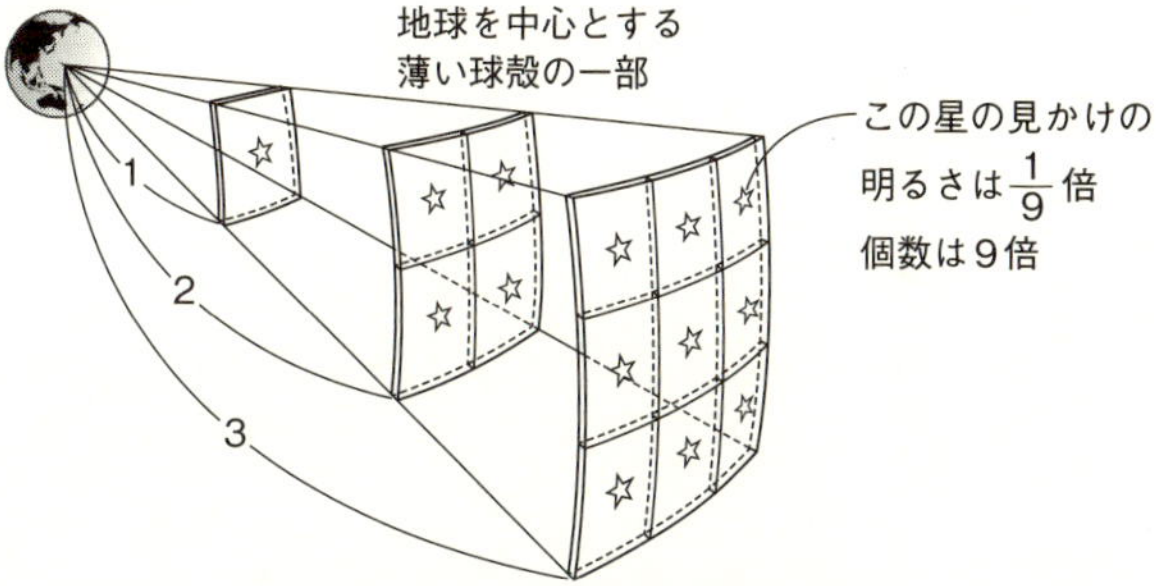

図1-4　オルバースのパラドクスの概念図

一般相対論的宇宙モデルから同じ結論が得られるのも事実です。

ところで、宇宙が無限であるならば、夜が明るくなるはずだという議論があります。例えば我々を中心とする天球を奥行き方向に細かい球殻に分割します。宇宙が一様であれば、半径rに対応する球殻内の星の数はその表面積であるr^2に比例します。一方で、個々の星の明るさはr^2に反比例して暗くなるので、両者の積としてすべての球殻は、観測される天球に同じ明るさの寄与をします（図1－4を眺めながらじっくりと考えてみてください）。したがって、仮に宇宙が無限でどこまでいっても星が一様に分布しているとすれば、すべての球殻の寄与を無限枚足しあげることになるので、天球の明るさは発散することになります。

この結果は直感と現実のいずれとも相容れないの

で、オルバースのパラドクスと呼ばれています。これに対する現在の解答は、宇宙は時間的には有限の過去があり、かつ、光速が有限であるため、天球の明るさに寄与するのは宇宙が始まってから現在までに光が進む有限の範囲でしかないから、ということになります。つまり夜空が暗いという事実は宇宙が空間的に有限であることを意味するわけではなく、宇宙が無限であったとしても光速の有限性のために矛盾なく説明できるのです。

1-4-4 ハッブルの法則と宇宙膨張

アルバート・アインシュタインの一般相対論（1916年）によって、宇宙を時空間とその中の物質からなる対象として物理法則で記述することが可能となりました。宇宙膨張とは、一般相対論から自然に導かれる帰結の一つです。にもかかわらず、アインシュタインですら、長い間固く信じられていた変化しない「静的」宇宙という宇宙観を捨て去ることはできませんでした。

宇宙膨張を発見したのは、アメリカの天文学者、エドウィン・ハッブルだとされています。遠方の銀河のほとんどが我々から遠ざかっていることは、同じくアメリカの天文学者

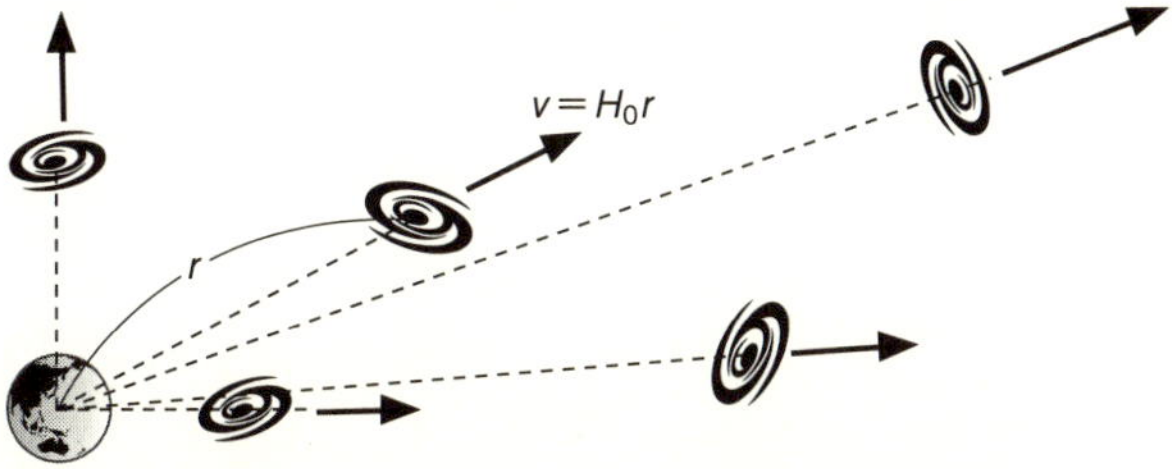

図1-5　銀河の遠ざかる速度は我々とその銀河までの距離に比例する（ハッブルの法則）

ヴェスト・スライファーの観測データによってすでに示されていました。しかし、ハッブルはさらに、それらの銀河が遠ざかる速度 v と、それらまでの距離 r が比例するという関係

$$v=H_0\,r$$

を見出しました（１９２９年）。現在、この関係はハッブルの法則、比例係数はハッブル定数と呼ばれています（これに限らず、宇宙論では、時間変化する変数の現在の値を示すために下添字０を用います）。

この式から明らかなように、H_0 は、速度／長さ、すなわち時間の逆数の次元を持ちます。実際、この式で速度が時間変化しないとすれば、$r/v=1/H_0$ だけ時間を過去に遡ると、その銀河と我々は同じ場所にあったことになります。ある特定の銀河だけではなく、すべての銀河が同時に過去のある時点で同じ場所に集まるということは、「1／H_0」はすべての銀河に共通する、つまり宇宙そのものの性質を反映していることを意味します。実際、この値は現在の宇宙年齢である138億年と近似的に一致しています。

このように、ハッブルの法則は、宇宙が膨張していると同時に宇宙に始まりがあるという事実を端的に示した重要な観測的証拠です。後に、アインシュタインもこの結果にもとづいて、宇宙が進化していることを認めたのです。

ただし、ハッブル以前にも「ハッブルの法則」を見つけた人がいることがわかっています。ベルギー出身のカトリック司祭ジョルジュ・ルメートルは、ロシアのアレクサンドル・フリードマンと独立に一般相対論における膨張宇宙解を導いたことで有名です。彼の論文は1927年、ブリュッセル科学会紀要というあまり有名でない雑誌にフランス語で発表されているのですが、実はそこに1929年にハッブルが発見した遠方銀河の速度と距離の関係式がすでに導かれています。従来、ルメートルの論文は、彼自身が翻訳した1931年の英国王立天文学会誌の英訳を通じて知られていました。しかし、英訳版では、フランス語の原論文中の、本文25行分、方程式24番の一部、脚注15行分がごっそりと欠落しており、それらがハッブル定数を具体的に計算していた部分であることが2011年に話題となりました。ひょっとすると、ルメートルの法則となっていたかもしれない大発見に関わる箇所であるにもかかわらず、本人がなぜその部分を英訳時に削除したのかは明らかになっていません。

この問題は2018年8月にオーストリアのウィーンで開かれた国際天文連合総会でも取り上げられ、「ハッブルの法則をハッブル－ルメートルの法則と呼ぶことを推奨する」決議案が提出され、その後、電子投票が実施されました。全会員の37％にあたる4060人が投票し、賛成78％、反対20％、保留2％で、この案は可決されました。最初の発見者以外の名前で呼ばれている法則は少なからずあるのですが、このような決議がなされた例は聞いたことがありません。これはハッブルの法則が、宇宙膨張という世界観の革命につながるような重要な意味を持つことの表れだと言えるでしょう。

1-4-5　定常宇宙論とビッグバンモデル

宇宙膨張とは、主として宇宙の器たる時空の時間変化に注目した表現です。しかし、その中に存在する物質の進化をも同時に考えて初めて、科学的宇宙像が完成します。それに取り組んだのがロシアを亡命しアメリカで研究生活を送ったジョージ・ガモフです。ハッブルの法則を過去に遡ると、初期宇宙は高温高密度で熱い「光」に満ちたいわば「火の玉」のような状態となります。ガモフは、初期宇宙で起こる原子核反応によって、現在の宇宙を満たすすべての元素の存在比が説明できるはずだと考えました（1948年）。

しかし当時、宇宙膨張は確立していたにもかかわらず、宇宙の性質が時間的に変化することはありえないと考えられていました。フレッド・ホイル、トーマス・ゴールド、ヘルマン・ボンディの3人は同年、宇宙膨張による物質密度の低下を相殺するために、空間のいたるところで常に新たな物質が生み出されているという仮定のもとで、宇宙は時間的にいつも同じ状態のまま膨張しているという「定常宇宙論」を提案しました。

今から考えれば、極めて不自然な人為的モデルでしかないのですが、むしろガモフの理論よりも「定常宇宙論」のほうが受け入れられていたようです。ところで、ホイルがガモフの理論を「宇宙が派手に爆発するとかいうトンデモ説」との揶揄をこめて呼んだのが、現在広く用いられている「ビッグバン」モデルの名前の由来です。この事実からも、ビッグバンを単純に宇宙の爆発と解釈するのは大きな誤解というべきであることがわかります。むしろ、ビッグバンとは宇宙のあらゆる場所が等しく高温高密度であった初期の状態を指すものと理解すべきなのです（これについては2－5節で詳しく説明します）。

それはさておき、ガモフの予言した熱い宇宙の名残の光は、アメリカのベル研究所で衛星通信の研究をしていたアルノ・ペンジアスとロバート・ウィルソンによって偶然発見され、「ビッグバン」は疑いようがない事実として確立されました。この光は宇宙マイクロ波背景輻射と呼ばれ、現在宇宙論においてもっとも重要な観測データとなっています（2－1－1節）。

さて、もともとガモフは、初期宇宙を満たす始原的物質として事実上中性子だけからなるイレムなるものを仮定し、イレムが陽子と反応することで次々により重い元素を合成し、宇宙のすべての元素の存在比を説明するはずだと考えました。この理論は、彼の学生であったラルフ・アルファーと、原子核物理学の専門家ハンス・ベーテ、そしてガモフの3人の連名の論文として発表されたので、3人の頭文字をもじって$\alpha\beta\gamma$理論と呼ばれています。

しかし、イレムはあくまで人為的な仮定でしかありません。林忠四郎《ちゅうしろう》は、宇宙を満たす主成分である陽子と中性子の間に働く弱い相互作用（4－1節参照）の理論を宇宙初期に適用することで、中性子と陽子の比が宇宙の温度の関数として決定できることを示しました（1950年）。つまり元素が誕生する以前の宇宙の組成は物理法則で決まるのであり、ほぼ中性子だけからなるイレムのような人為的な仮定は許されないのです。これは林忠四郎が成し遂げた数多くの優れた業績の一つです。その結果、$\alpha\beta\gamma$理論ではすべての元素を説明できないことが明らかとなりました。

周期表に登場する安定元素は、水素（質量数1）、ヘリウム（質量数4）、リチウム（質量数7）、ベリリウム（質量数9）、……です。つまり、自然界には質量数5および8を持つ安定な元素が存在しません。このため、水素からヘリウムを合成した後に、水素とヘリウムあるいはヘリウム同士を反応させて質量数5や8の元素を合成することはできません。したがって、それらに水素あるいはヘリウムを反応させて、さらに重い元素を合成することもできません。

今では、宇宙初期に生成されるのはせいぜいリチウムまでの軽元素だけに限られることがわかっています（ビッグバン元素合成）。これに対して、炭素以上の重元素は宇宙初期ではなくずっと後に誕生する星の内部で合成されます。その基礎過程は、実質的にヘリウム（アルファ粒子）3つがほぼ同時に衝突するため、トリプルアルファ反応と呼ばれます。そして、このトリプルアルファ反応が起こることを初めて予想したのがホイルなのです（より詳しくは4－6－1節で説明します）。

地球上の生物は、炭素を基本とした有機物からできています。したがってこの宇宙では、うまく炭素を合成する反応が実現しているはずです。そのためには、2つのヘリウムが衝突してできる質量数8の不安定なベリリウムが崩壊する前に3つめのヘリウムが衝突して炭素になる経路が必要です。そう考えたホイルは、カリフォルニア工科大学のウィリアム・ファウラーに、そのような反応経路の確率を実験的に検証することを繰り返し依頼しました。その結果、ファウラーらはホイルの予言通りの反応経路が実在することを発見したのです。

ファウラーは「宇宙における化学元素の生成にとって重要な原子核反応に関する理論的および実験的研究」の功績により1983年にノーベル物理学賞を受賞しました。その際に、ホイルが受賞しなかったことに多くの天体物理学者が驚いたとされています。ホイルは数々の優れた業績を挙げた天体物理学者ですが、上述の「ビッグバン」の例からもわかるように口も悪く敵が多かったこと、またあまりにも定常宇宙論に固執しすぎたことがマイナスだったのではとの説があるようですが、真偽の程はわかりません。いずれにせよ、ガモフとホイルの提案は、ともに半分正しく半分間違っていたという意味では喧嘩両成敗と言えます。しかし、彼らが宇宙論に与えた貢献の大きさが偉大であることは言うまでもありません。

このビッグバン宇宙論の確立に至る歴史から学ぶべきだと考えるのは以下です。

・ミクロな世界を記述する物理法則は、マクロな宇宙でも同じく成り立っている
・理論モデルを天文学的観測データとの比較を通じて検証し修正することで、より信頼性の高い精密なモデルを構築する現代宇宙論の研究スタイルが確立された
・人間の存在条件として予想された物理法則が実際に確認された（つまり、人間原理的な方法論の有効性が示された）

これらについても、本書で順次より詳しく説明することになります。

1-4-6 ビッグバンモデルを超えて

ビッグバンモデルは、ハッブルの法則、ヘリウムの存在量、宇宙マイクロ波背景輻射の3つの観測的証拠にもとづいて、現代宇宙論の標準モデルとして確立しています。しかし

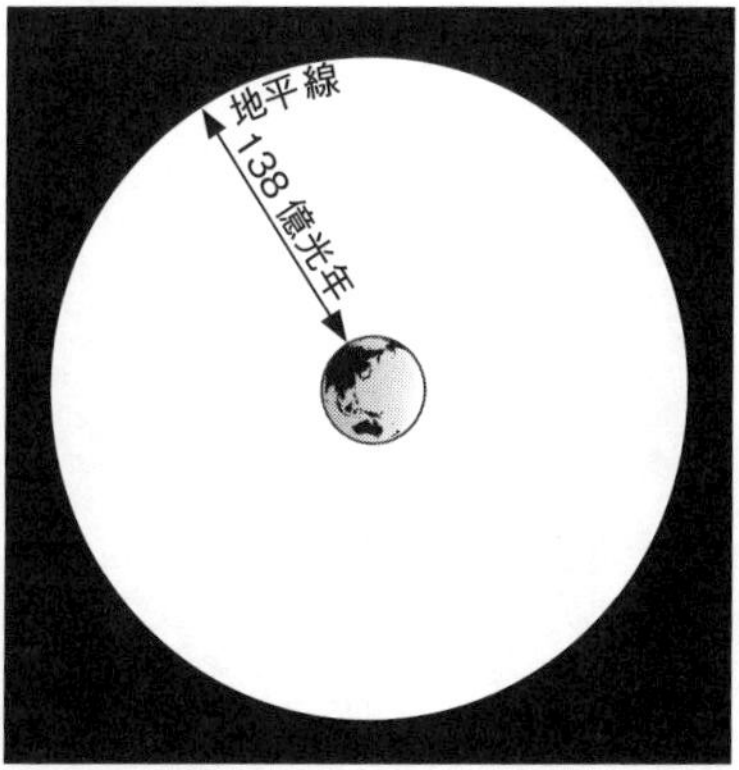

図1-6 「現在」の宇宙の地平線

ながら、それだけでは説明できない根源的な難問を抱えているのも事実です。その代表的な例として以下の４つを挙げておきましょう。

（1）地平線問題

宇宙誕生以来１３８億年かけて光が到達できる領域は有限です。我々から見て観測可能なその果てを「地平線」と呼びます（図１－６）。その地平線からやってくる宇宙マイクロ波背景輻射の温度は、方向によらず０・００１％以内の精度で一致していることが観測されています。これは明らかに奇妙です。光速を超えた情報伝達はありえないので、異なる方向から飛来した光は今まで一度も出会ったことがないはずで、互いに因果関係は持ちえません。とすれ

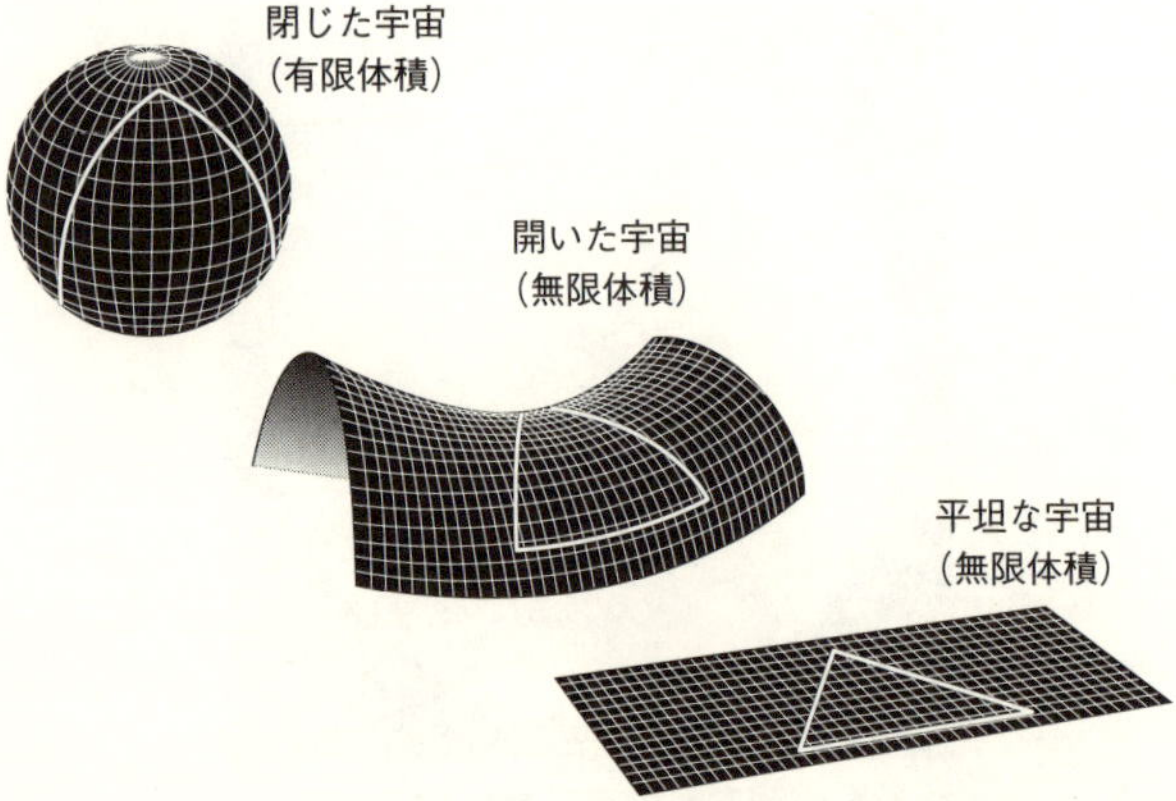

図1-7　曲がった空間の図

ば、それらの温度は全く異なっているほうが自然です。因果関係がないはずの領域までなぜ宇宙は同じような状態なのか。これを宇宙の地平線問題と呼びます。

（2）平坦性問題

数学的には3次元空間は、必ずしも三平方の定理を満たすようなユークリッド幾何学にしたがう必要はありません。実際、数学的には矛盾のない非ユークリッド幾何学が構築されています。直感的に言えばこれは曲がった空間に対応し、ユークリッド幾何学は空間が平坦な特別な場合に対応します。では、我々が住む宇宙の空間は本当にユークリッド幾何学にしたがっているのでしょうか。例えば、天才数学者として知

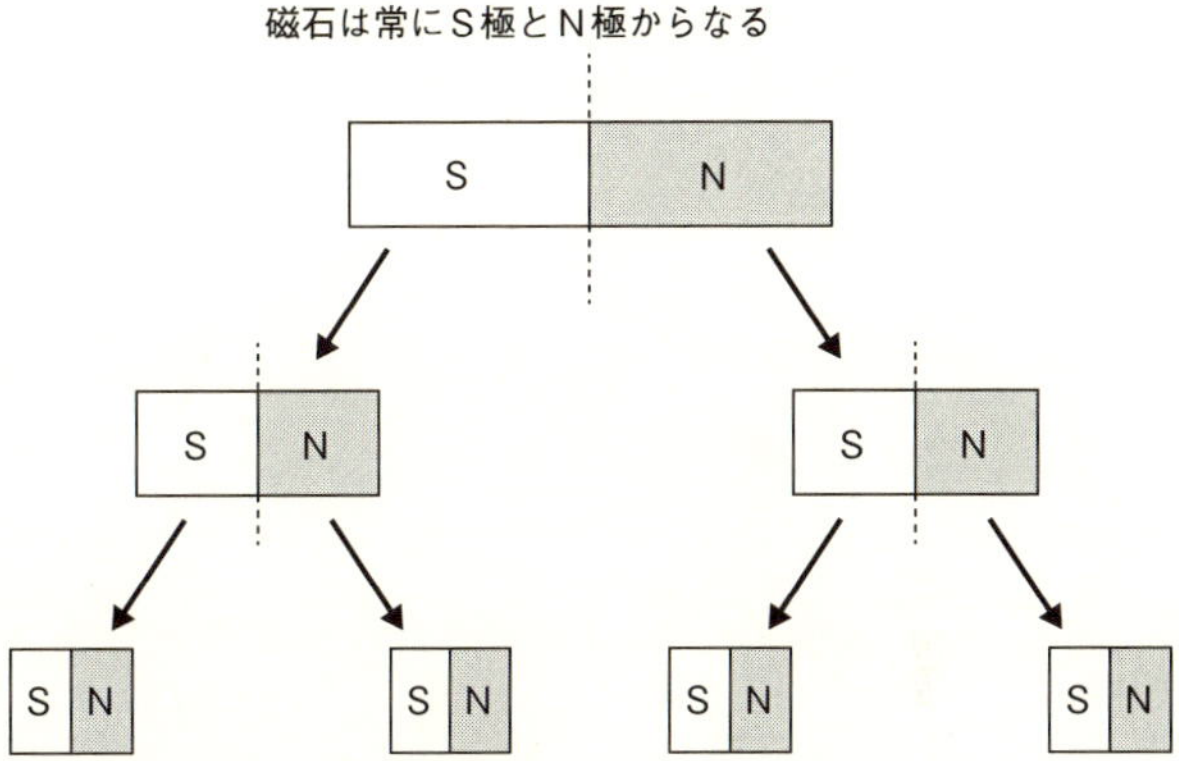

図1-8　磁気モノポール問題

られるカール・フリードリヒ・ガウス（1777～1855）は、空間が曲がっているかどうかの実験を行ったとされていますし、一般相対論は、重力が空間の場所場所での曲がり具合（平坦からずれている度合い）によって説明できることを示しました。このように、宇宙全体が曲がった空間である可能性があるにもかかわらず、実際にはユークリッド幾何学からずれている兆候は全く観測されていません。では、なぜこの宇宙はここまで平坦な空間に近いのだろうか。これが宇宙の平坦性問題です。

（3）磁気モノポール問題

電子や陽子は、それ自身がマイナスあるいはプラスの電荷を持つ粒子ですが、磁石は必ずN

極とS極がペアになっていることからもわかるように、N極あるいはS極の磁荷だけを持った粒子は知られていません。この仮想的な粒子を磁気単極子あるいは磁気モノポールと呼びます。古典的な電磁気学は、磁気モノポールが存在しないことを前提として構築されています。しかし、自然界の4つの相互作用を統一する理論（第4章）によれば、磁気モノポールの存在が予想されるのです。とすれば、磁気モノポールはなぜ観測されていないのか。これが磁気モノポール問題です。

（4）密度ゆらぎ問題

現在の宇宙は大局的には一様等方ですが、その中には多様な天体階層構造を持ちます。その起源は、宇宙初期に存在したわずかな密度の空間的非一様性（ゆらぎ）だと考えるしかありません。ところが、その密度ゆらぎがどのようにして生まれたのかは説明が困難です。これを密度ゆらぎ問題と呼びます。

このように、ビッグバン時の宇宙はかなり不自然な状態にあるというべきです。これは単に、我々の宇宙がなぜかたまたま平坦な空間として誕生した、あるいはなぜかたまたま

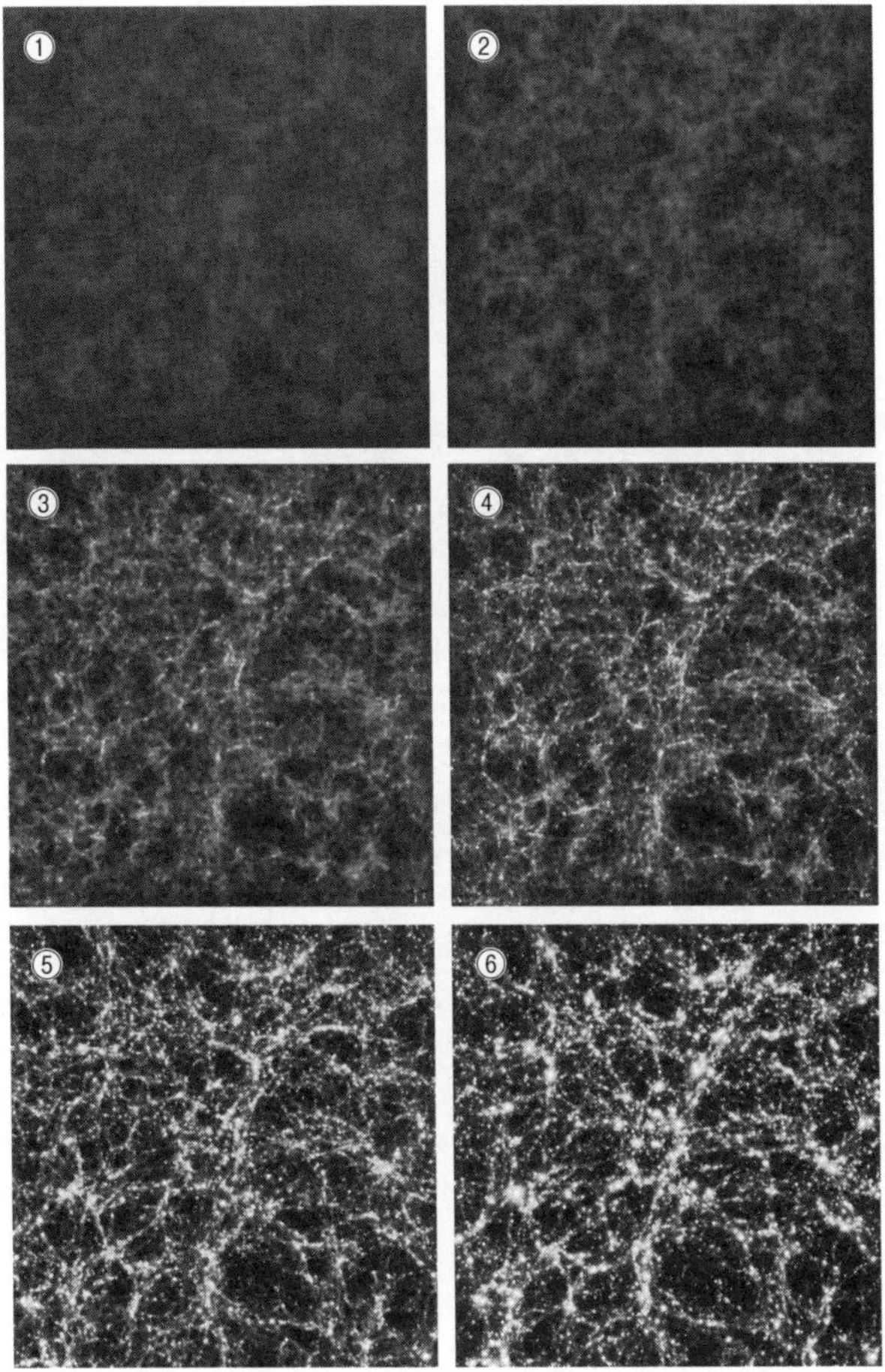

図1-9　密度ゆらぎの成長（吉田直紀氏のシミュレーションより）

この宇宙では磁気モノポールが存在しなかったといった、初期条件の偶然として片付けるしかないのかもしれません。一方で、それらを偶然とみなすのでなければ、ビッグバン以前に何らかの物理過程が働いてそのような「初期条件」が必然的に実現されたと考えることになります。その理論的可能性として広く認められているのが、インフレーションモデルで、1981年に佐藤勝彦（私の大学院時代の指導教員です！）とアメリカのアラン・グースが独立に提唱しました。

インフレーションモデルは、誕生後約10のマイナス35乗秒というとてつもない短時間に宇宙に起こった可能性のある真空の相転移という概念にもとづいています。その結果、宇宙は時間に関する指数関数的な急激な膨張をします（これが、グースがインフレーションと名付けた理由です）。そのため、すでに因果関係を持っていた微小な空間領域が、長さにして26桁以上引き延ばされます。ということは、現在観測できる地平線は、実ははるか以前にすでに因果関係を持っていたこととなり、同じ性質を示すのも当然です（地平線問題の解決）。また、曲がった面であってもそれを十分引き延ばせば、局所的には平面とみなすことができる（我々は普段地球が丸いことに気がつかないのと同じです）ように、どんなに曲がった空間も十分膨張すれば平坦な空間とほとんど区別できなくなります（平坦

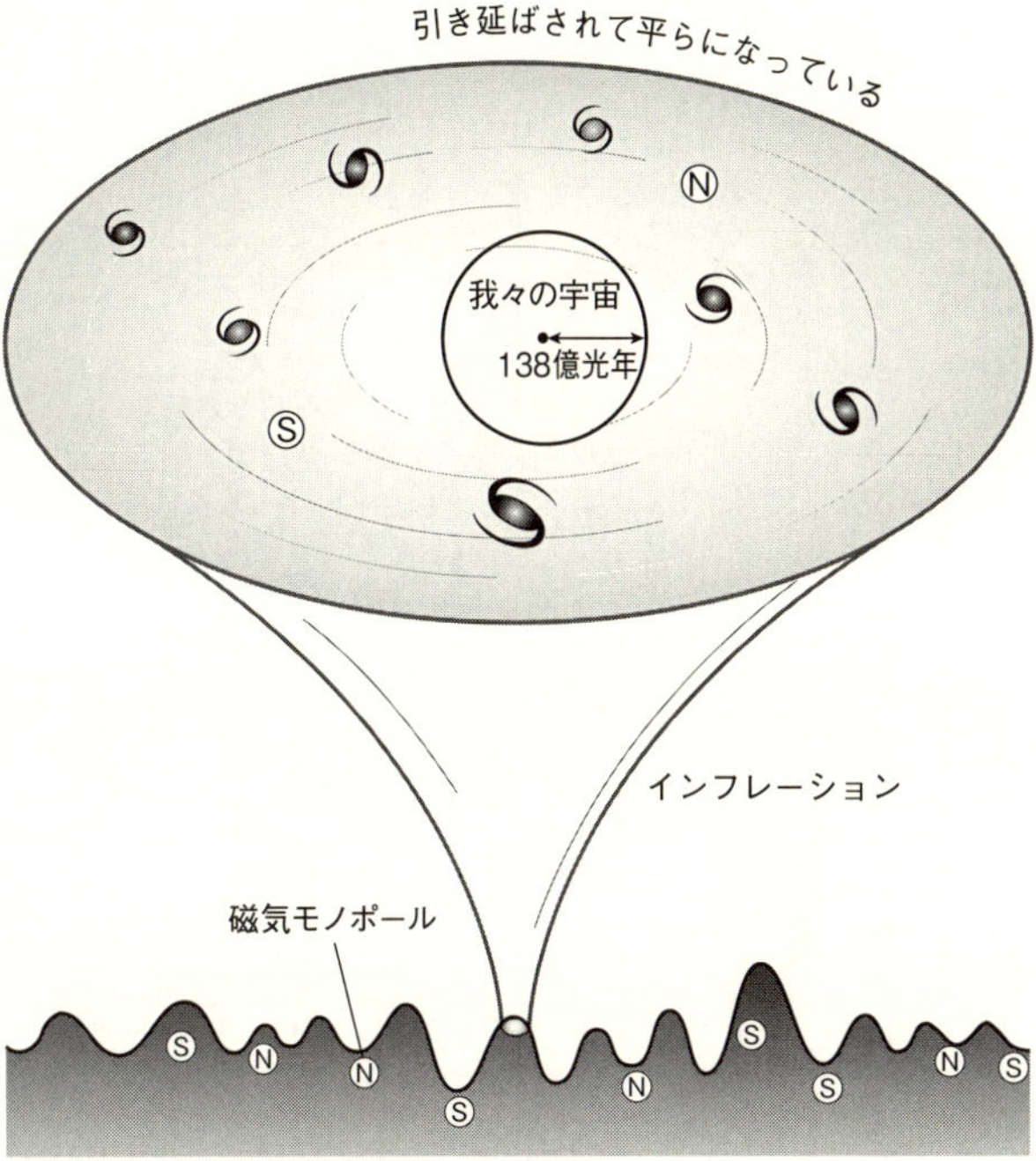

図1-10　インフレーションによる解決

性問題の解決）。と同時に、その領域に存在したはずの磁気モノポールも、現在の地平線内に1個もないほど個数密度が薄められます（磁気モノポール問題の解決）。また、インフレーションを引き起こす場が必然的に持つ量子的ゆらぎが、現在の構造を生み出す密度ゆらぎの起源であると考えられています（密度ゆらぎ問題の解決）。

このように、インフレーションモデルは標準ビッグバンモデルに内在する困難を一挙に解決してくれる魅力的な仮説です。宇宙マイクロ波背景輻射の精密な観測データを用いてインフレーション仮説の予言を実際に検証しようとする試みは、宇宙論における重要な将来計画の一つとして現在進行中です。さらに、インフレーションモデルは、本書の中心テーマであるマルチバース、そして人間原理にも密接に関係しています。

最後に、宇宙の「誕生」と「進化」は違うことを強調しておきましょう。単なる言葉の定義の問題だとも言えるのですが、少なくとも専門家は、ビッグバンと宇宙の誕生とを明確に区別しています。現在の宇宙を過去に遡ったときの高温高密度の状態がビッグバンであり、それは観測する立場から言えば現在の宇宙に対する初期条件です。しかし、それを説明するインフレーションモデルの立場では、インフレーションによって進化した宇宙の最終状態ということになります。

インフレーションそのものもまた宇宙の誕生とは異なり、誕生後10のマイナス35乗秒に起こる宇宙進化の一段階に過ぎないというべきなのです。つまり、宇宙は誕生し、その後インフレーションを経験した後にビッグバンという状態に落ち着いてから進化し現在に至る、というのが標準的なこれら3つの概念の関係です。宇宙の誕生自体はまだ未解明の謎である一方で、ビッグバン以降現在に至る宇宙の進化は、驚くべき精度で理解され観測的にも検証されています。それらを結ぶインフレーションモデルは、極めて有力な理論仮説であり、だからこそ世界中でその観測的検証を目指した研究が行われているのです。より詳しくは、佐藤勝彦『インフレーション宇宙論　ビッグバンの前に何が起こったのか』（講談社ブルーバックス）をお読みください。

■宇宙観の変遷■

年代	主な提唱者	
BC6世紀	ピタゴラス（BC582～BC496）	万物は数である
BC4世紀	プラトン（BC427～BC347）	地球中心説
BC4世紀	アリストテレス（BC384～BC322）	地球中心説
BC3世紀	アリスタルコス（BC310～BC230頃）	太陽中心説
2世紀	トレミー（90～168頃）	地球中心説
6世紀	アーリアバタ（476～??）	太陽中心説
16世紀	コペルニクス（1473～1543）	太陽中心説
16世紀	ブルーノ（1548～1600）	無限宇宙
17世紀	ケプラー（1571～1630）	ケプラーの法則
17世紀	ガリレオ（1564～1642）	太陽中心説
17世紀	ニュートン（1642～1727）	ニュートンの法則
1826	オルバース（1758～1840）	オルバースのパラドクス
1895	ジェームズ（1842～1910）	マルチバース
1915	アインシュタイン（1879～1955）	一般相対論

1927	ルメートル（1894~1966）	距離赤方偏移関係
1929	ハッブル（1889~1953）	距離赤方偏移関係
1937	ディラック（1902~1984）	大数仮説
1948	ガモフ（1904~1968）	ビッグバン理論
1948	ボンディ（1919~2005） ゴールド（1920~2004） ホイル（1915~2001）	定常宇宙論
1950	林忠四郎（1920~2010）	原始陽子中性子比
1953	ホイル（1915~2001）	トリプルアルファ反応
1957	エヴェレット（1930~1982）	量子論の多世界解釈
1961	ディッケ（1916~1997）	（弱い）人間原理
1965	ペンジアス（1933~） ウィルソン（1936~）	マイクロ波背景輻射
1968	カーター（1942~）	（強い）人間原理
1981	佐藤勝彦（1945~） グース（1947~）	インフレーション理論

第2章

宇宙に果てはあるのか？宇宙に始まりはあるのか？

2-1 観測されている宇宙

本章では、第1章の冒頭で紹介した疑問を順次検討してみます。

2-1-1 遠くの宇宙は過去の宇宙

まず我々が直接見ることのできる宇宙の姿を概観しておきましょう。地球から出発すると、まず一番近い天体が月、そして太陽です。太陽系内の惑星で最遠方にあるのは、海王星（かつては最遠方の惑星であった冥王星は、今では準惑星に「降格」されてしまいました）ですが、その外側にも太陽系は広がっており、そこにも数多くの小天体が分布しています。さらに、太陽系から一番近い星（天文学では、中心部で核融合を行うことで自ら光り輝く恒星を指して星と呼びます。したがって、惑星は星には含まれません）はケンタウルス座α星（実は3つの星からなる三重星です）で、約4光年離れています。

ここで、以降よく登場する「光年」という単位について説明を加えておきましょう。これはもともとは、光が1年間に進むことのできる距離という意味です。光の速度は秒速30万キロメートルなので、1光年は約10の13乗（10兆）キロメートルになります。天文学的な距離をキロメートルで表すと大きな数字となってわかりにくいので、光年という単位を用いるわけです。しかし、それ以上に重要なのは、長さと（光速を用いて換算したときの）時間とが一対一に対応している点です。例えば、ケンタウルス座α星から地球に届いた光は、その4年前にケンタウルス座α星を出発していることになります。同様に考えると、太陽までの距離は1・5億キロメートルですから、これを光速で割り算すると約8分。つまり、我々が見る太陽の光は、厳密には8分前の姿です。

遠い天体ほど、その光が地球に届くには長い時間がかかりますから、現在の我々が見ている天体はその距離に応じて異なる時刻の姿に対応します。そのため、遠方の宇宙を観測することは、過去の宇宙の姿を探ることと等価です。この「遠くの宇宙は過去の宇宙」という事実はとても重要でこれから繰り返し登場しますが、とりあえずこの程度にして、地球から宇宙への旅を続けましょう。

星が数十から数百個程度集まった天体が星団です。日本のすばる望遠鏡は、プレアデス星団の和名である「昴」から名付けられていますが、そこまでの距離は約440光年です。我々の太陽系は、約1000億個の星からなる天の川銀河（銀河系とも呼ばれます。これは天文学では、普通名詞としての銀河と区別して、天の川銀河を指す固有名詞として用いられます）に属しています。天の川銀河は5万光年程度の半径を持つ渦巻銀河で、太陽系はその中心から約2・5万光年離れています。人間が肉眼で見分けられる星は、この天の川銀河の中で太陽に近い約1万光年以内のものに限られるそうです。

天の川銀河からもっとも近い銀河がアンドロメダ銀河で、約250万光年離れています。銀河は100個から1000個程度、互いの重力で引きあうことで銀河団と呼ばれる集団を形成します。例えば、おとめ座銀河団は約6000万光年先にあります。

現在観測されているもっとも遠方の銀河は、約130億光年先です。すでに述べたように、宇宙は138億年前に誕生したと考えられているので、その銀河はそれから「わずか」10億年後に生まれたことになります。誕生直後の宇宙は、極めて高温高密度の一様なスープとでも形容すべき状態なので、すぐに天体を形成することはできません。いつになれば初代天体が形成され始めるのかはまだよくわかっていませんが、少なくとも数億年は必要だと予想されています。しかも、それらが現在の我々にも観測できるほど明るい天体

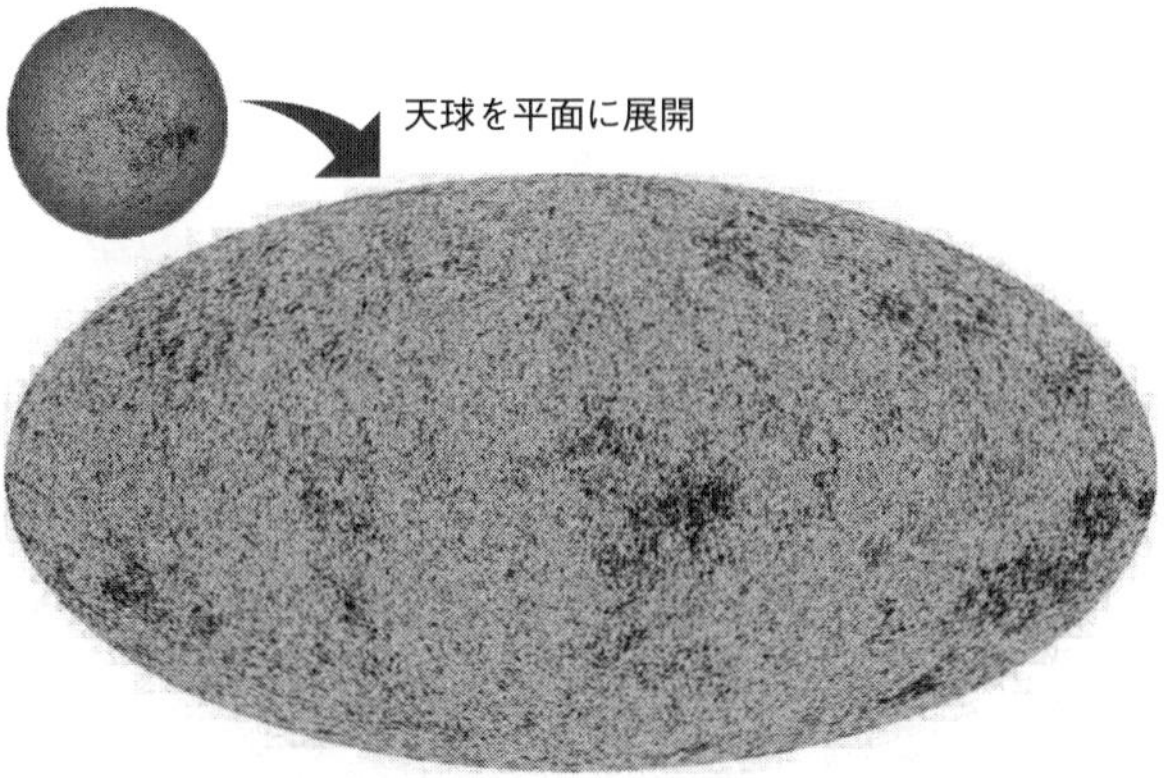

図2-1　宇宙マイクロ波背景輻射

に成長するにはさらに時間が必要です。というわけで、１３０億年よりはるか先にある天体を直接観測することはかなり難しいのです。

　この説明を聞くと、明るく輝く初代天体が誕生する以前、例えば１３５億年前の宇宙を観測するのは不可能に思えるかもしれません。しかし実はそうではありません。実際、誕生後わずか38万年の宇宙の姿が、直接観測できています。それが、高温高密度のビッグバン状態にあった時期の残光とも言うべき宇宙マイクロ波背景輻射（Cosmic Microwave Background：あまりに長いので以降ＣＭＢと省略します）です。

　初期宇宙は非常に高温であるため、すべて

の水素原子は完全に電離して、陽子（水素原子の原子核）と電子がバラバラの状態にありました。そのような宇宙を伝わる光は、電子と頻繁に衝突するために直進できません。これは、霧の中では水の粒によって光が散乱されるため、先が見通せなくなる状態と同じです。しかし、宇宙は膨張するにつれて徐々に温度が下がるため、誕生から約38万年経過すると、電子と陽子が結合して中性の水素原子となります。その瞬間に、あたかも霧が晴れるように、光が直進できるようになります。その光が現在の我々に届いてCMBとして観測されるのです。宇宙の膨張とともに光はその波長を徐々に伸ばしながら（すなわちエネルギーを下げながら）伝わります。その結果現在観測される光の代表的な波長帯がマイクロ波と呼ばれる電波に対応するため、CMBと呼ばれています。

宇宙を光で観測する限り、このCMBの先を見通すことはできません。その意味では、「光で観測できる宇宙の果て」はこのCMBが映し出す誕生後38万年の宇宙の姿です。人間にとって38万年というのは想像もつかない長さですが、現在の宇宙年齢である138億年と比べればあっという間でしかありません。138億年を1年に換算し、1月1日に宇宙が誕生し、現在が大晦日の12月31日だとすれば、38万年÷138億年×365×24×60分＝14・5分なので、誕生後38万年とはおよそ1月1日午前0時15分に対応します。つまり、ＣＭＢはほぼ誕生直後の宇宙の姿そのものであると言ってよいのです。

2-1-2 宇宙の地平線

ＣＭＢは宇宙のあらゆる方向からほぼ同じ温度で我々に届いた光の分布となっています。その温度分布地図は、我々を中心とした半径１３８億光年の球の表面（厳密に言えば、ごく薄い厚さを持つ球殻）の宇宙の姿に対応します。厳密に言えば、そこよりさらに38万光年先が本当の意味での宇宙の始まりなのですが、すでに述べたように１３８億光年に比べれば38万光年は十分無視して構いません。ところで、繰り返し用いている「１３８億光年」とは、本来は１３８億年前に光が出発した場所までの距離という意味ではありますが、実は光速×１３８億年の値とは一致しません。これは、宇宙が膨張し続けているために、光が伝わる間にもともとの出発点が時々刻々遠ざかっているためです。このように宇宙論的な距離を示すために用いる「光年」は、実際の距離ではなく、その天体が今から何年前の宇宙にあるのかを示すのが普通です（つまり、正確さよりわかりやすさを選んでいるのです）。

いずれにせよ、光よりも速く伝わるものは存在しないので、現在の我々が知ることのできる宇宙の空間領域は、実質的にこのＣＭＢが発せられた球面以内の球に限られます。そのため、この球を宇宙の地平線球と呼ぶことがあります（図１－６）。この地平線球という概念は、本書において極めて重要な役割を果たします。

まず、この地平線球の外側は原理的に観測できません。その意味で、その内側を「我々の宇宙」と呼ぶこともあります。専門家がしばしば、「宇宙の大きさは約10の28乗センチメートルです」とか、「宇宙には約１０００億もの銀河があります」とか言う場合の「宇宙」とは、この「地平線球内」の「我々の宇宙」を指しているのです。話している当人にとっては自明なのですが、聞いている側にはそのような区別があることなどわかりません。この「我々の宇宙」と「宇宙」の使い分けの曖昧さが、「宇宙には果てがある」とか「宇宙の大きさは有限である」といった誤解を生む主な理由なのかもしれません。

むろん「我々の宇宙」の外側には、同じような宇宙がずっと広がっており、それらがより広義の「宇宙」をびっちりと埋め尽くしているはずです。この文章からもわかるように、文脈によって「宇宙」という単語が異なる意味を持ちうるので、それらを区別するような用語を定義しておく必要があります。それがマルチバースです。

とはいえ、直接観測できるユニバースを超えたマルチバースには様々な可能性があり、実在はおろか、どこにどんな形態であり得るのか、考え始めるときりがありません。そこで、本書では、アメリカのマサチューセッツ工科大学教授であるマックス・テグマークが提唱したマルチバースの4分類（表3－1）に準拠しつつ、私の個人的な解釈を加えながら議論をすすめます。テグマークは、もともとは観測的宇宙論の研究者でしたが、最近では、量子論と哲学に関わるような理論物理学の基礎的諸問題により強い興味を持ち、マルチバースに関しても数多くの独創的な考察を発表しています。

より詳細な説明は第3章までお待ち頂くことにして、本章では「宇宙の果て」という言葉の意味に関連したマルチバースの例に限って紹介しておきます。

現在の宇宙の中から任意の点を選び、そこを中心とする半径138億光年の地平線球をレベル1ユニバースと定義します。本書で「我々の宇宙」と呼んできた我々を中心とする地平線球は、このレベル1ユニバースの一例です。レベル1ユニバースは任意の点を中心として定義できますが、138億光年の2倍以上離れたレベル1ユニバース同士は重なり合いません。その意味でそれらは、現時点ではお互いに因果関係を持たない「異なるレベル1ユニバース」ということになります。といってもこれらの異なる「レベル1ユニバー

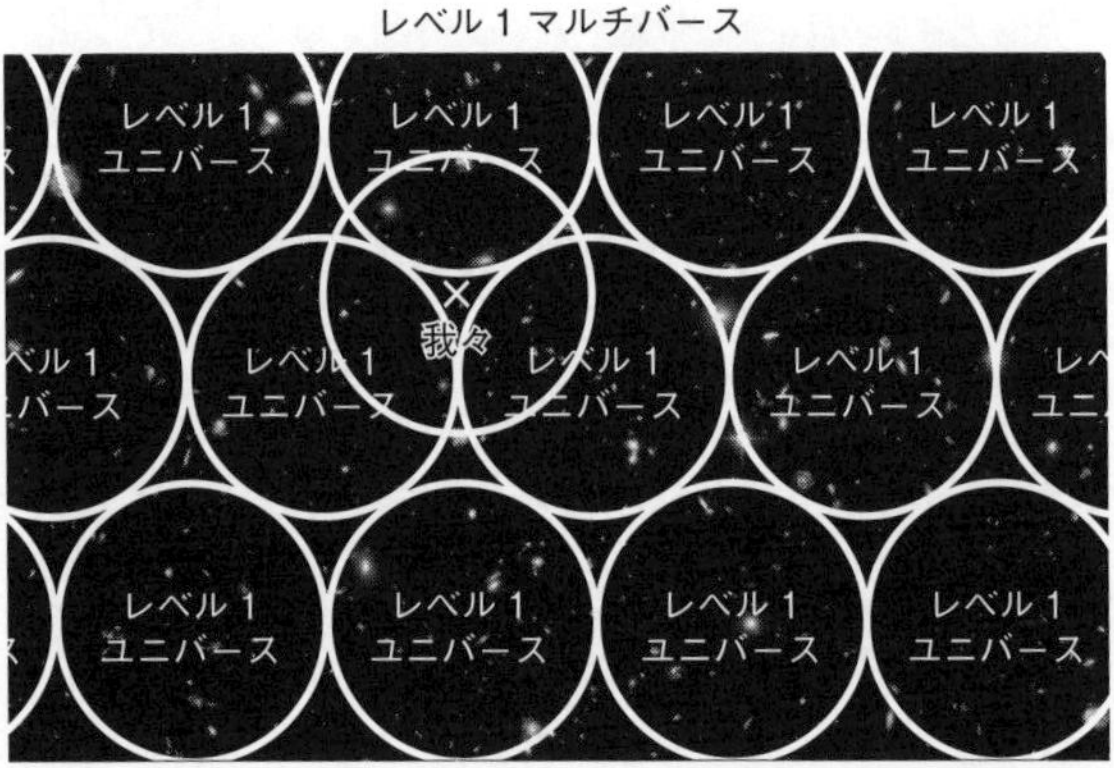

図2-2　レベル１ユニバースとレベル１マルチバースの関係

ス」が、我々のレベル１ユニバースと異なる性質を持つとは考えられません。単に現時点ではお互いにその存在を直接観測できないに過ぎません。太平洋の水平線の先は直接見えなくとも、突然断崖絶壁になっているはずはなく、どこまでも同じような海が広がっているのと同様です。そしてこれらの同じ性質を持つ無数のレベル１ユニバースの集合を、レベル１マルチバースと呼びます。

地平線球の半径は時々刻々増大しており、明日は１３８億光年＋１光日、１年後は１３８億光年＋１光年、１００億年後には２３８億光年になります。したがって、時間が経てばそれらはやがてより大きな「レベル１ユニバース」に成長します。ただし、その時々で「レベル１ユニバース」には光が到達できる最大半径という意味での果て（地平線）がありますし、その領域の体積は有限です。しかし、それらを含むレベル1マルチバースには果てはありませんし、（ほぼ）無限の体積を持つと考えるほうが自然です。

この増大する地平線球の果ては、その中心の観測者にとっては常にビッグバンの時刻に対応しています。実際、今からはるか未来の時点においても、地平線からは常にビッグバン直後の「残光」が届き続けるはずです。このことからも、ビッグバンがある特別な点の爆発ではないことがわかります。我々の「レベル1ユニバース」をはるかに超えた領域からのビッグバンの残光が時間とともに次々に到着するのですから、「ビッグバンはレベル1マルチバースのあらゆる場所で同時に起こった現象」と解釈すべきなのです。

これらは、マルチバースの概念の一例でしかなく、より詳しい分類は第3章で説明します。しかし本節で紹介した例だけからでも、「宇宙」の多義性に起因する混乱がある程度整理できたのではないでしょうか。それは以下のように要約できます。

・我々の宇宙（=レベル1ユニバース）にはその時刻ごとに観測可能な果てがあり、それは宇宙の始まりに対応する

・宇宙（＝レベル1マルチバース）は、我々の宇宙をはるかに超えた広大な領域であり、その空間体積は（事実上ほぼ）無限である
・ビッグバンは空間の一点の爆発ではなく、レベル1マルチバースの空間のあらゆる場所で同時に起こった現象である

このように「宇宙」という単語の意味を明確にするだけで、1－1節で挙げた疑問のうち、Q5、Q6、およびQ7についての理解が深まったのではないでしょうか。

2－2 世界の階層と安定性

2－1節で例として紹介したレベル1マルチバースは、レベル1ユニバースの1つ上の階層に位置する概念だと解釈できます。これとは異なる意味ではありますが、宇宙はもとより、この世界は様々な階層に満ち溢れています。

例えば、生物個体は器官から、器官は細胞から、細胞は生体分子からできています。さ

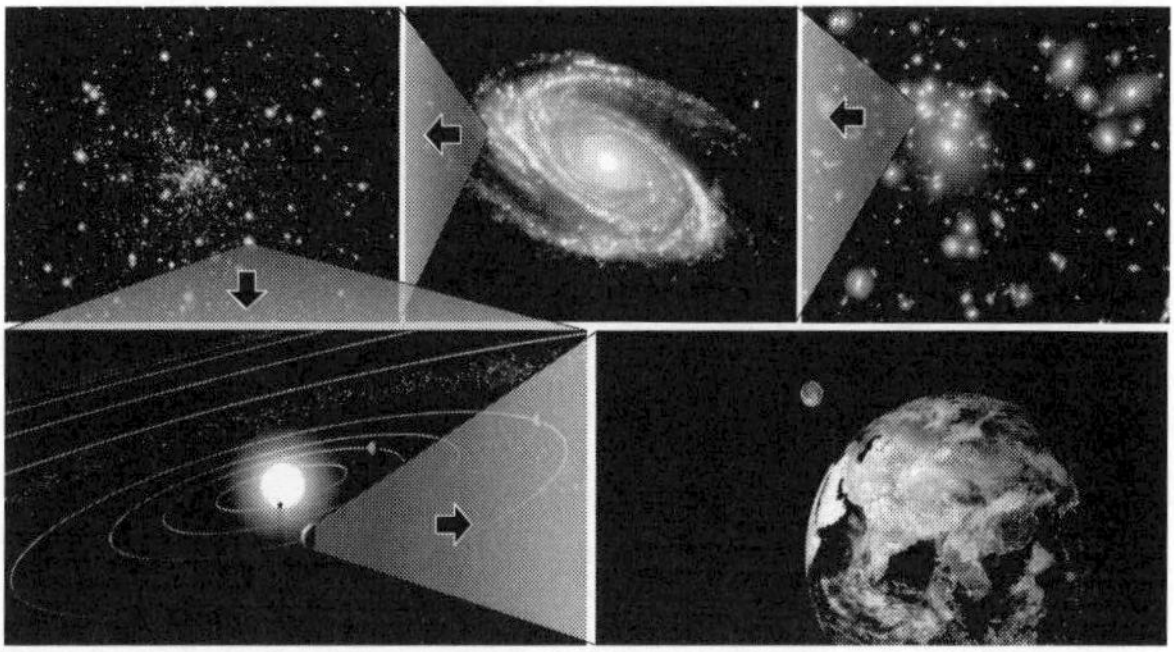

図2-3　宇宙の天体の階層構造

らにその生体分子を分割すれば、塩基、分子、原子といった無生物の物質世界の階層に帰着します。物理学が明らかにした物質の階層は、分子、原子、原子核と電子、陽子と中性子、そして素粒子であるクォークとレプトンに帰着します。すでに２－１節で概観したように、物質世界ほど厳密ではありませんが、宇宙における天体も同様です。銀河団、銀河、星団、恒星、惑星、衛星というように、ある種の階層をなして分布しています（図２－３）。

さらに言えば、人間社会も同様です。例えば、会社だと（私はあまり詳しくありませんが）大まかには、会長、社長、副社長、専務、部長、課長、係長、平社員といった階層があるはずです。

このように階層構造の存在は、自然界、人間社会を問わず普遍的なようです。その理由は明らかではありませんが、私は、世界を安定にするためには、ある種の階層構造の存在が不可欠なのではないかと考えています。

わかりやすいのは人間社会です。構成員全員が区別なく平等であるのは、ある意味ではとてもいいことです。しかし、全員が一致することはありえませんから、そのままでは組織として何らかの判断や決定をすることは困難です。したがって、あるルールに則って最終決定は上位階層に委ねる一方で、下位階層はそれを具体的に実行するといった役割分担、あるいは分業体制を明確にして、効率良く組織の目的を達成するためには階層が不可欠に思えます。その仕組みがうまく機能しなければ、その組織は社会の中で生き残れないという意味において、人間社会においても階層構造が発達したのだと思います。

実は生物の階層も同じです。この場合、長い時間をかけた適者生存・自然淘汰の結果として、効率良い生物体として完成したものが、生物個体内の階層だと理解できます。より大きなスケールでの生物界の種の存在比も、食物連鎖などを通じた自然淘汰の結果、適切な割合に制御されているはずです。例えば、今から6500万年前の恐竜絶滅という偶然がなければ、人間が地球を支配することはなかったでしょう。地球環境という外的条件のもとで淘汰され生き延びた安定分布（の1つ）が現在の種の分布なのでしょう。

物質界の階層もまた同じです。素粒子の階層と４つの相互作用の強さがうまくバランスしている理由はわかりません。しかしそれらの間の絶妙なバランスの結果として、物質世界は安定になっていると解釈できます。例えば、水素原子において、陽子と電子の間に働く電磁気力は重力に比べておよそ40桁も強いのですが、これは明らかに不自然です。しかし仮に電磁気力と重力の強さがほぼ同じであれば、物体が重力をうけて床に落下するとその物体を構成する原子がばらばらになってしまいかねません。これではとても安定な物質とは言えません。逆に言えば、４つの相互作用が不自然なほど異なる階層の強さを有しているからこそ、この物質界は安定なのです。

この物質界に内在する不自然さに、自然な説明を与えようとするのが究極理論の立場です。それがうまく完成すれば、見かけ上不自然な40桁の違いは必然だと納得できるのかもしれません。しかし、逆に究極理論が存在しないとすれば、この不自然さは残ったままです。

これに対してマルチバースの立場は、その不自然さを、上述の人間社会や生物界の例と同様に適者生存あるいは自然淘汰によって理解しようとします。すでに紹介したレベル１マルチバースが無数に存在し、それらは互いに無限の未来においても決して因果関係を持たないものと仮定しましょう。

　この場合、我々が属しているレベル１マルチバースと、それ以外のレベル１マルチバースとは物理法則が異なっているはずです。仮にそれらの物理法則が同一であるならば、互いに何らかの因果関係があったと考えるほうが自然であり、異なるマルチバースではなくなるからです。そこで、重力と電磁気力が同じ強さとなるようなレベル１マルチバースを考えてみます。自然な物理法則という観点からすれば、そのようなレベル１マルチバースのほうがむしろ圧倒的多数を占めるとすら予想されます。しかしながら、そのような自然な物理法則に支配されたレベル１マルチバースでは、物質は安定ではありません。とすれば、その中の宇宙では安定な生体分子、生物器官、生物個体、といった生物の階層は構築されません。ましてや、意識を宿す知的生物への進化などありえません。

　これでついに、人間原理の基本的な結論「大多数の自然な宇宙では人間は誕生できないから、その宇宙の法則は極めて自然であると納得できる知性は存在しない。逆に、極めてまれで不自然な宇宙においてこそ人間が存在でき、彼らはなぜ自分たちの住む宇宙の法則がこれほど不自然なのかと必ず悩むはめになる」にたどり着きました。

　初めて聞けば、よくぞこれだけ怪しい論理を展開できるものだ、と呆れてしまうかもし

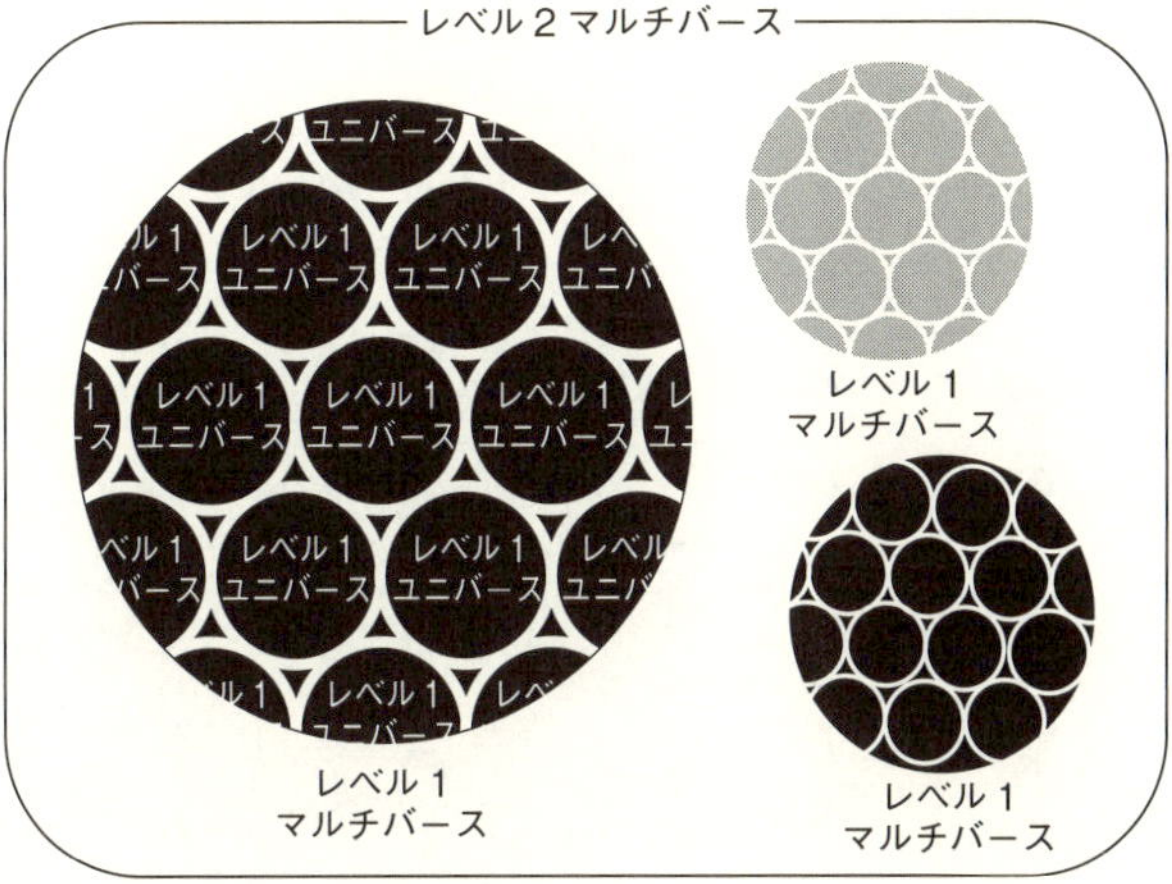

図2-4　レベル2マルチバース

れません。しかし、これは我々の宇宙が不自然さに満ち溢れていることに対する合理的な説明（の1つ）になっています。

人間が存在する宇宙のほうが優れているという価値観は倫理的には問題かもしれず「淘汰」と呼ぶべきではないかもしれませんが、「人間が存在する」という条件によって、不自然な宇宙が選択されてしまう可能性は否定できません。もちろん、この議論の大前提は、異なる性質（物理法則）を持つレベル1マルチバースが無数に存在することです。にもかかわらず、ある特定のレベル1マルチバースに住む我々は、決して他のレベル1マルチバースの存在を検証することはできません。そのような無数のレベル1マルチバースの集合がレベル2マルチバースです（図2－4）。

このように、人間原理にもとづいて（レベル1ユニバース、あるいはレベル1マルチバースの意味での）我々の宇宙の不自然さを「自然に説明する」あるいは「解消する」ためには、異なるレベル1マルチバースの存在を認める必要があります。とはいえ、その仮定のほうがよっぽど不自然だと考える人もいるでしょう。

しかし、後述のインフレーションモデルは、上述の人間原理からの要請とは独立にレベル2マルチバースの存在を示唆する科学仮説であることが知られています。そのため、そのモデルから出発すれば、レベル2マルチバースの存在、そして人間原理による我々の宇宙の不自然さの解消という考え方が説得力を持ってきます。さて、もうすでにかなり頭が混乱してきたかもしれませんので、とりあえず本節はこの程度にして、より詳しくは第3章で引き続き説明することにします。

2－3 宇宙に果てはあるか

「宇宙に果てはあるか」という疑問の具体的な意味は、すでに述べたレベル１ユニバースとレベル１マルチバースを区別することで、かなり整理できたはずです。この「宇宙」が、現在の我々が住むレベル１ユニバースという意味であれば、果てはあります。その果てとは、地平線面であり、実質的にはやっと現在の我々に届いた宇宙誕生38万年後のCMB全天地図に対応します。

一方、この狭い意味での「果て」の先には、別のレベル１ユニバースが連続的に分布しているだけです。その先は異なるレベル１ユニバースと定義されているとはいえ、そもそも区別するほうが不自然なのです。したがって、「宇宙に果てはあるか」で本当に聞きたいのは、それらをすべて包含するレベル１マルチバースに果てはあるのか、なのでしょう。

形式的な答えは、「一般相対論にもとづく標準宇宙モデルがこのレベル１マルチバースを記述すると考える限り、そこには果てはありません」です。この標準宇宙モデルは、宇宙には特別な方向も特別な場所もないとする仮定（通常、宇宙原理と呼ばれます）にもとづいています。この仮定を少し難しいけれど正確に表現すると、「空間は平行移動に対して変化しない（並進対称性、あるいは一様性を持つ）、かつ、回転に対して変化しない（回転対称性、あるいは等方性を持つ）性質を持つ一様等方空間」となります。

数学的にはこの一様等方モデルは、無限体積で果てがない曲がった空間、有限体積であるが果てがない曲がった空間、そしてその2つのちょうど境に対応する平坦な空間（この場合も体積は無限です）の3つの場合しかありません。そもそも宇宙に果てがあるならば、その果ては中心とは明らかに区別できます。つまり、宇宙に特別な場所は存在しないという宇宙原理と矛盾します。したがって、宇宙原理は宇宙には果てがないことと等価なので、「宇宙原理にもとづいて構築された標準宇宙モデルによれば宇宙には果てはない」という答えでは、何も証明したことになりません。

このように、レベル1マルチバースに果てがあるかどうかに対する答えは、この宇宙において我々が特別の位置を占めていると思うかどうかという価値観で決まる、というのが正直なところです。そのため、宇宙原理は、天動説から地動説への転換になぞらえて宇宙のコペルニクス原理、あるいは、平凡性原理などと呼ばれることもあります。ちなみに、物理学においては、厳密に証明できないけれどもっともらしい命題を「原理」と呼ぶことが多いようです。しかしながら、宇宙原理に反する観測結果は何一つ知られていないという意味において、この宇宙原理は単なる数学的仮定にとどまらず、この宇宙の本質的な性質なのだろうと解釈されているのも事実です。

　ところで、空間に果てがないことと、その体積が有限であることは両立します。次元を1つ下げて2次元で考えれば、球面がその例です。表面積は有限ですが、どこにも特別の点はなく、どこから出発してもぐるっと回ればやがてもとに戻るわけですから果てはありません。３次元空間でも空間が曲がっていればそのような状況がありえます。

　とすれば、これは原理的には観測的に検証可能です。仮に我々が、果てがないが有限体積の宇宙に住んでいるのならば、ある空間の一点から違う方向に出発した光がやがて同じ点に戻ってくる可能性があります。極端なことを言えば、我々の頭から後ろ向きに出た光が、宇宙を一周りして再び我々の目に飛び込んでくるかもしれないのです。実際にはかなり複雑な解析が必要となりますが、ＣＭＢ全天地図にそのような痕跡が認められないことから、我々の宇宙の大きさは、現在の地平線距離の10倍程度以上に広がっているという結論が得られています。

　もちろんあくまで観測データにもとづく議論をするならば、宇宙の体積が無限大である証明は原理的に不可能です。しかしながら、たとえ有限だとしてもその繰り返しの周期は、現在観測できる領域のサイズよりはるかに大きいことはわかっています。私はその意味で、「実質的にはほぼ無限体積」という（あいまいな）表現をしばしば用います。

2-4 宇宙に始まりはあるか

あまり煮え切らない答えしかない「宇宙に果てはあるか」「宇宙は無限か」とは異なり、「宇宙に始まりはあるか」に対する答えは明確で、イエスです。宇宙が今から138億年前に誕生したことは確実なのです。では「その前の宇宙はどうなっていたのか」と聞きたくなる気持ちも十分わかりますが、「その前に宇宙がなかったからこそ宇宙が始まったと言っているのだ」と答えるしかありません。その意味は、138億年以上前に遡ると、宇宙の密度が無限大になる特異点という状態になり、そもそも時間や空間という概念そのものが破綻してしまうと考えられるからです。

この結論は一般相対論を用いて、ロジャー・ペンローズとスティーブン・ホーキングによって数学的に証明されました（特異点定理）。ただし、これはあくまで古典論である一般相対論（量子論の効果を無視している）が厳密に正しいと仮定した場合、という但し書きが付きます。そもそも量子論的に考えると、数学的な意味での「点」はありえません。

特異点に至るまでには、何らかの意味で一般相対論が破綻するものと予想されます。そこまで考慮すれば、「宇宙に始まりはあるか」という問いに自信を持ってイエスと答えることも難しくなります。

にもかかわらず、その瞬間に存在したであろう宇宙は、およそ我々が直感で考えられる姿とはかけ離れていることでしょうし、時間をたどって現在の宇宙と因果的に関係づけられるようなものでもないでしょう。その意味においては、宇宙にはある時点より過去に遡ることができない始まりがあるというのは、ほぼ正しいと言って良いと思います。

2-5　ビッグバンは点の爆発ではない

すでに繰り返してきたように、ビッグバンはある時期での宇宙の状態を指す言葉に過ぎず、「宇宙が空間のある一点の爆発で始まった」ことは意味しません。にもかかわらず、多くの人はそのように誤解しているようです。これには、しばしば用いられるゴム風船による宇宙膨張の喩えが、悪影響を及ぼしているのではないかと想像します。しかし、テグマークの定義にしたがって説明するならば、このゴム風船はあくまで我々のレベル1ユニバース（すなわち地平線球）に対応するものであり、ほとんどの方々が念頭にある全宇宙であるレベル1マルチバースを示すものではありません。

ビッグバンという言葉から想像されるイメージは、花火や爆弾が爆発するのと同様に、宇宙はある一点で爆発し、我々はその「爆発地点」からずっと離れた場所にいて、そこから届く光（すなわちCMB）を眺めている、といったものでしょう。しかしすでに述べたように、CMBはある瞬間にある方向だけからやってくるものではありません。全く逆に、全天のあらゆる方向から等方的に、しかも常に届き続けます。この事実は、ビッグバンの情報はその時点で我々を囲む地平線球の境界面から常にやってくることを意味します。したがって、「ビッグバンは点ではなく（ほぼ無限の体積を持つ）空間のいたるところで同時に起こった」と解釈せざるを得ないことになります。

図2－5を用いて詳しく説明してみましょう。もし説明が難しいと思われたら、この図はとばして読んでいただいても以降に差し支えはありません。図の横軸が空間座標、縦軸は時間座標（より正確には、時間に光速度をかけたもの）を表しています。この場合、縦軸と横軸は同じ次元となり、ある点を出発した光はそこから右上45度あるいは左上45度の

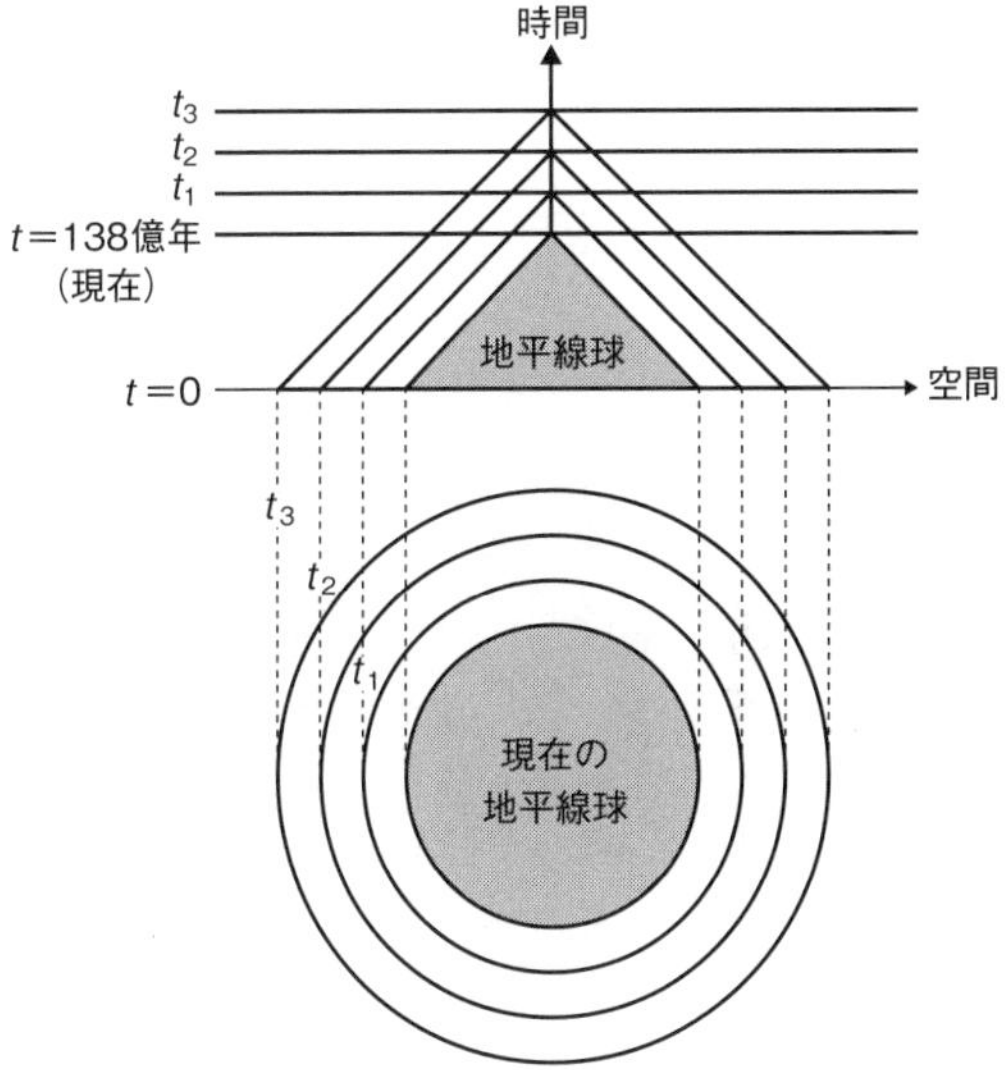

図2-5　地平線球の未来

傾きの直線に沿って進みます（光速を1とすると $t=\pm x$ となるからです）。これからわかるように、現在中心にいる観測者が受け取る光は、右下45度あるいは左下45度の傾きの直線上に位置する過去の異なる場所から到達します。光より早く伝わるものは存在しないので、現在の地球にはこの2つの直線にはさまれた領域の外側の情報は到達できません。この直線が地平線、その内側の領域が地平線球です。この図は空間を1次元で表現しているので球と呼ぶのは変かもしれませんが、実際の3次元空間ではその領域は地球を中心として光が138億年かけて進む距離を半径とした球の内部に対応します。

これを前提として図2－5の下を見てください。これは我々を中心とした地平線球です。この球は、あくまで我々が現在観測できる宇宙を表現したものですから、その球の中心から半径rにある球殻の時刻は現在ではなく、現在から$\Delta t = r / c$だけ過去の時刻に対応しているのです。現在の宇宙年齢t_0（＝138億年）に対応する地平線球の半径は$r = c \times t_0$ですから、そこは現在から$\Delta t = t_0$だけ過去、すなわち$t = t_0 - \Delta t = 0$の時刻に対応します。言い換えれば、そこは宇宙が誕生した時刻の姿です。

図のt_1、t_2、t_3は、未来に対応する時刻であり、その半径に対応する円（球）が、それぞれの未来の地平線球です。その時刻に中心にいる観測者は、その半径の$t = 0$での姿を観測することになります。

これが理解できれば、この地平線球の外にも空間は（ほぼ無限に）広がっているはずであると納得していただけるでしょう。この地平線球（あるいは、しばしば用いられるゴム風船）は、宇宙の果てでも何でもなく、単に現在の我々が観測できる領域（レベル1ユニバース）の境界を図示しているに過ぎないのですから。

図2－6のビッグバンと書かれた円の外には何もないのではなく、現在の我々とほぼ同

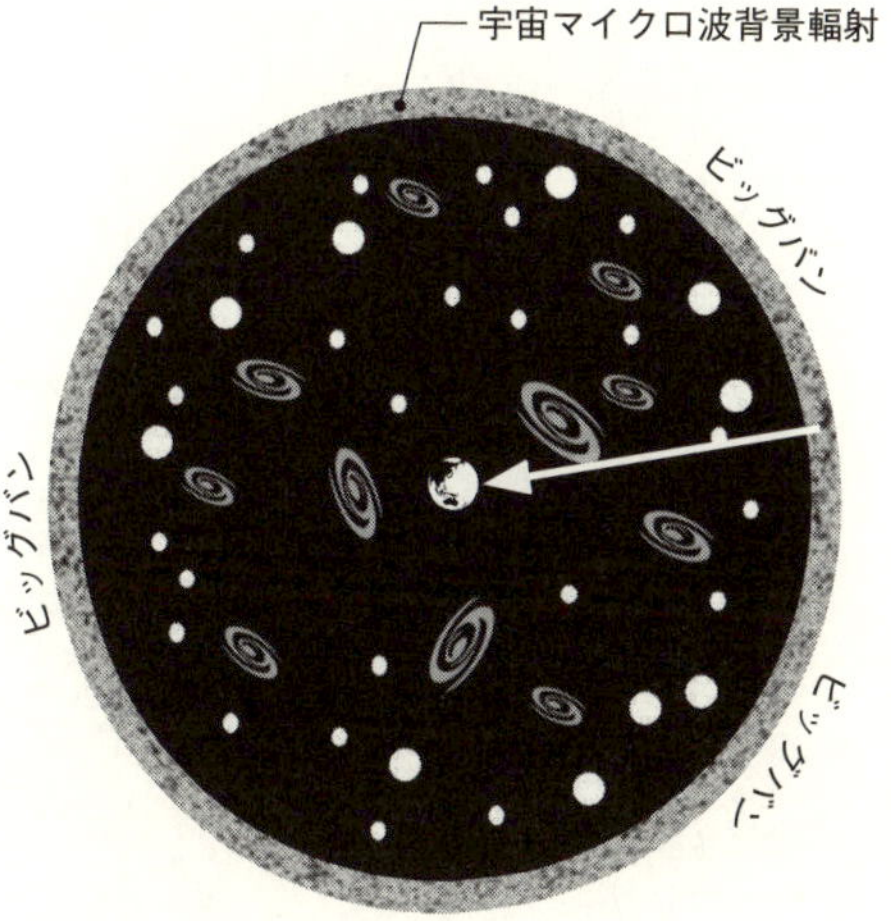

図2-6　宇宙の地平線球のイメージ

じ風景が広がっているはずです。しかし、その外の領域の光がまだ届かないので直接見ることはできません。しかし、これから時間が経過すれば、徐々にその外側からの光が届き始めます。そして最初に届くのは、その場所における$t=0$、すなわちビッグバンの際の光（ＣＭＢ）なのです。このように地平線球は時間とともに増大し続けます。

以上で述べたように、ビッグバンの名残であるＣＭＢが現在、そしてこれからも観測され続けるという事実こそが、ビッグバンは点の爆発ではないことの証明そのものです。繰り返しますが、ビッグバンは宇宙の広大な領域で同時に起こった現象であり、我々はその領域の中でいかなる意味においても特別な場所を占めているわけではありません。

念のために付け加えておくならば、「現在の我々の地平線球（レベル1ユニバース）に対応する有限体積の領域は、宇宙が誕生した時刻ではほぼ点であると言っても良いほど小さいサイズであった」という主張は間違いではありません。

現在の地平線球の半径は有限です。したがって、宇宙膨張を過去に遡れば、対応する領域のサイズは（古典的な一般相対論が成り立つ限り）ゼロになると言ってよいでしょう。その意味では、「我々の住む宇宙は点から始まった」という表現は間違いではありません。

しかし、その「宇宙」が地平線球を超えたレベル1マルチバースをさすのであれば、その大きさは無限大です。したがって、無限大のものをどれだけ相似的に収縮させようと決してゼロにはなりません。この意味において、無限体積宇宙は決して点から始まったわけではなく、最初から無限体積であったと考えるほうが適切なのです。

2-6 地球外生命はいるか

現時点では地球外生命の存在を示唆する科学的証拠は何一つ知られていません。しかしこれはいわゆる悪魔の証明に対応し、「存在しないことの証明」は不可能です。その意味において、「地球外生命はいる」と答えておけば、決して間違いにはなりません。でもそれではいくら何でも無責任なので、もう少し説明を加えておきましょう。

すでに太陽系の外に膨大な数の惑星系が存在することが観測的に確認されています。それどころか、太陽に似た恒星のほとんどが周りに惑星（しかも複数）を宿すことが明らかになっています。地球のように岩石を主成分とする惑星を持つのは1割程度、さらに「水が液体として存在できる温度範囲にあると期待される岩石惑星」（これは地球と同じような生命が誕生する可能性が高い惑星候補だと考えられています。ハビタブル〔habitable＝居住可能〕惑星と呼ばれることが多いのですが、居住可能と呼ぶのは科学的には極めて不誠実というべきです。ただ、残念ながら広く使われているのも事実です）は1％以下といったところです。これらの数字はまだまだ大きな不定性を持ちますが、そのような統計的結果が得られる時代になったこと自体が20世紀末以降の驚くべき進歩なのです。それは別として、ここでは単純に、すべての恒星の1万分の1がハビタブル惑星を持つと仮定してみます。

実際に探査されているのは、天の川銀河内の、しかも太陽系に近いごく限られた領域ですが、惑星の存在確率が我々の近傍でだけ例外的に高いと考える理由はありません。天の川銀河のいたるところ、さらにはその外にある他のどの銀河でもほぼ同じ割合だと考える方が理にかなっています。これもまた、宇宙原理、平凡性原理、コペルニクス原理の考え方です。

とすれば、天の川銀河には約1000億個の恒星があるので、ハビタブル惑星はその1万分の1、すなわち1000万個あると期待されます。さらに、地平線球内には、およそ1000億個の銀河があります。とすれば、その範囲にすら、10の18乗個という想像を絶する数のハビタブル惑星があるはずです。

この数値には数桁程度の不定性がありますが、それは大した問題ではありません。ハビタブル惑星の中で生命を宿す割合、さらにはそれが高度知的文明に至る割合となると、そもそも計算しようがないからです。

というわけで、再びコペルニクス原理を持ち出すことになります。これだけ多数のハビタブル惑星がある以上、仮に地球以外の高度知的文明が存在しないとすれば、我々は宇宙において極端に特別な位置を占めることになってしまいます。むしろ我々ごときがある程度の知的文明レベルに達している以上、広い宇宙にはそれ以外にも生命、さらに高度な知的文明が、数多く存在すると考えるほうが、はるかに論理的で自然ではないでしょうか。

アメリカの惑星科学者として著名なカール・セーガンは、数々の優れた科学解説書や啓蒙書を出版しています。１９９７年のアメリカ映画『コンタクト』は、セーガンのＳＦ小説が原作です。その中に、「地球人だけじゃ、この広い宇宙がもったいない」という言葉が登場します。本節で紹介した計算結果をさらにどう解釈するかは、この名言に集約されるように思います。

第3章

我々の宇宙の外の世界

3-1 ユニバースの集合としてのマルチバース

本書にはすでに、宇宙、世界、ユニバース、マルチバースという似て非なる言葉が繰り返し登場しています。それらはいずれも決して厳密な定義があるわけではなく、ましてや私の用い方が標準的というわけでもありません。そこで、まずはマルチバースという言葉を中心として、私の個人的なイメージを整理しておきます。

「宇宙の外に宇宙はあるか」という問いを考えると、最初の「宇宙」と2つめの「宇宙」とは異なる意味が想定されていると述べました。でなければ問い自体がナンセンスだからです。そのため、わざわざ「宇宙」という多義的な単語を避けて、ユニバースとマルチバースを使い分ける必要があるわけです。その場合の「世界」とは、具体的な観測できる「宇宙」を超えて、その宇宙がしたがう法則や摂理といった抽象的な存在までを含む概念である、というのが私のイメージです（図3-1）。

まず我々が観測可能な宇宙があります。これはすでに述べた地平線球だと考えてよいで

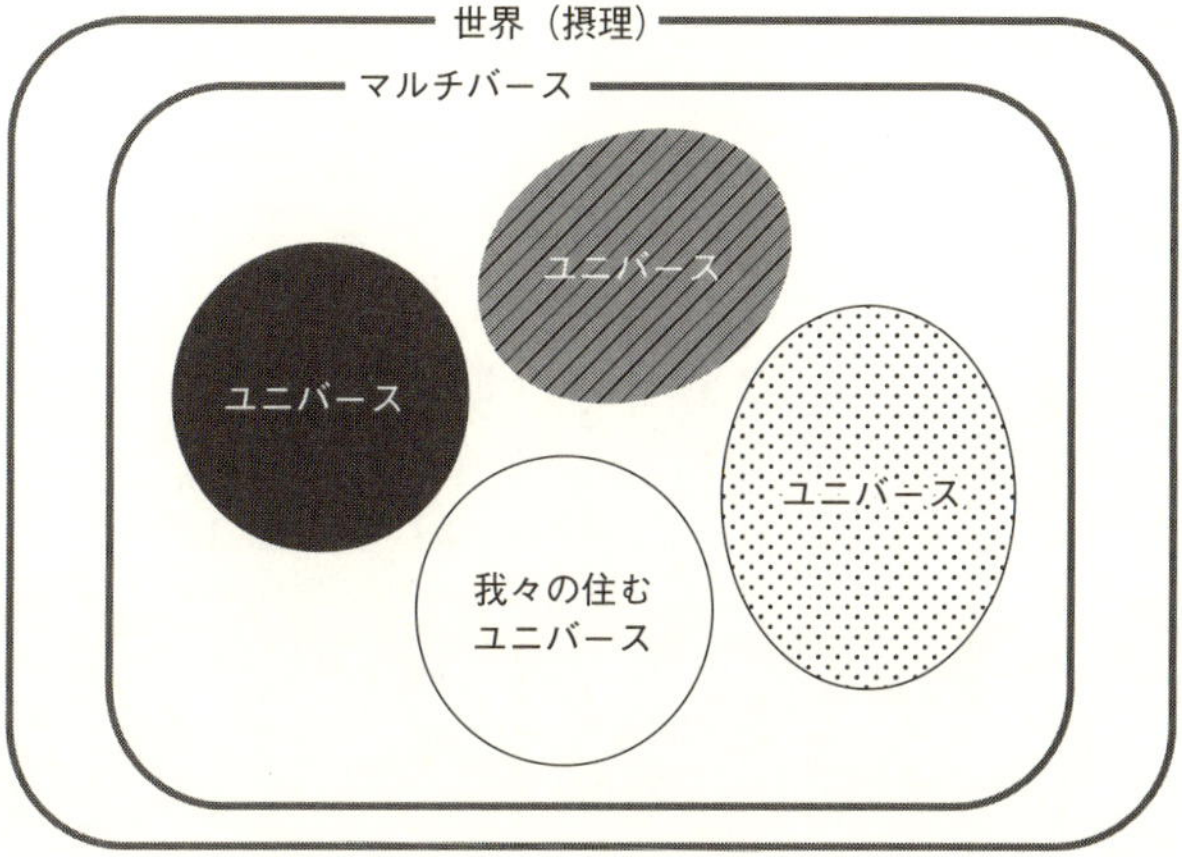

図3-1　ユニバース⊂マルチバース⊂世界

しょう。これは我々にとっては1つしかないので、まさに英語のユニバースという単語に対応します。しかしそれ以外にも、（少なくとも現在は）我々に直接観測できない別のユニバースがあるかもしれません。そこで、我々のユニバースとは異なる無数のユニバースを元《げん》とするような集合を、マルチバースと呼ぶことにします。

すでに紹介したレベル1ユニバースの意味において、我々のユニバースの外に別のユニバースが存在しているのは確実です。そして、時間の経過とともに、隣にある別のユニバースは我々のユニバースと徐々に合体します。そして無限時間が経過した未来において我々のユニバースとなりうるレベル1ユニバースの全体集合が、（我々の）レベル1マルチバースです。

しかし、ユニバースとマルチバースは、レベル1のような確実な存在から、はるかに思弁的・仮想的なレベルにまで、様々な拡張が可能です。例えば、我々と同じく空間3次元と時間1次元の4次元時空でありながら、より高次元空間の別の場所に存在するユニバースがあるかもしれません。

これも次元を1つ下げた空間2次元と時間1次元の例で考えてみればわかりやすいでしょう。この場合、x、y、zの3つの軸を持つ3次元空間内の高層ビル（マルチバース）の異なる階（いわばz座標）がそれぞれ独立したユニバースに対応します。防音が完全でなければ、天井の物音を通じて別のユニバースの存在を推察することができるかもしれませんが、そうでない限り未来永劫自分の住む階以外にあるユニバースの存在を知ることは不可能です。同じく、我々の3次元空間（x、y、z）を含む4次元空間（x、y、z、w）を考えれば、4番めの空間次元に対応するw座標の異なる値ごとに、3次元空間からなるユニバースが付随しているかもしれません。

さらに、同じ4次元空間中の3次元空間を共有する必要すらなく、無限次元空間の中の任意の3次元空間に広がるユニバースを考えることもできますし、ユニバースの空間次元が3である必然性もありません。

このようなユニバースを超えたマルチバースの可能性について、マックス・テグマークは表3－1に示す4つのレベルの分類を提唱しており、著書『数学的な宇宙　究極の実在の姿を求めて』（講談社）において詳しく解説しています。以下では、この4つのマルチバースを順次私なりに解釈してみます。

3－2　地平線球の外の宇宙——レベル1マルチバース

レベル1ユニバースについては第2章ですでに説明した通りです。復習すれば、図2－6のように、我々は現在半径138億光年の球の内部（地平線球）しか観測できず、これが我々の住むレベル1ユニバースです。そして異なる無数のレベル1ユニバースによって埋め尽くされる集合がレベル1マルチバースということになります（図2－2）。

表3－1の4つのレベルの中で確実に存在するのはこのレベル1マルチバースだけです。その意味では、わざわざマルチバースと呼ぶ必要もないほどです。ただし、我々が住

レベル	説明	備考
1	現在観測可能ではない地平線の外側にも、同様のユニバースが無限に存在。その後少しずつ観測可能な領域に入ってくる	同じ時空上に存在し、同じ法則を持つ無数の有限ユニバースの集合。空間体積が無限であれば、全く同じ性質のクローンユニバースがこのマルチバース内のどこかに（しかも無限個）実在
2	無限個のレベル1マルチバースが、原理的にも因果関係を持たないまま、階層的に存在	異なるマルチバースでは、物理法則が異なる。インフレーションモデルの予言と整合的
3	量子力学の多世界解釈に対応する無数の時空の集合	レベル3マルチバース内の異なるレベル3ユニバースを放浪する軌跡が我々の宇宙
4	異なる数学的構造に対応する具体的な時空は必ず実在	抽象的な法則は必ず対応する物理的実体を伴う

表3-1　マックス・テグマークが提唱するマルチバースの4分類

むレベル1マルチバースが本当に無限体積を持つと仮定すると、クローンユニバースの存在という興味深い結論が得られます。その議論を紹介しておきましょう。

我々のレベル1ユニバースの体積は有限です。したがって、その中に存在する素粒子の種類のみならず、それらの全個数も有限です。図3−2は、物質世界を構成する素粒子のすべてで、素粒子の標準モデルと呼ばれています。既知のあらゆる物質は、これらの素粒子から構成され、いかに気が遠くなるほどの数であろうとその個数は有限です。したがっ

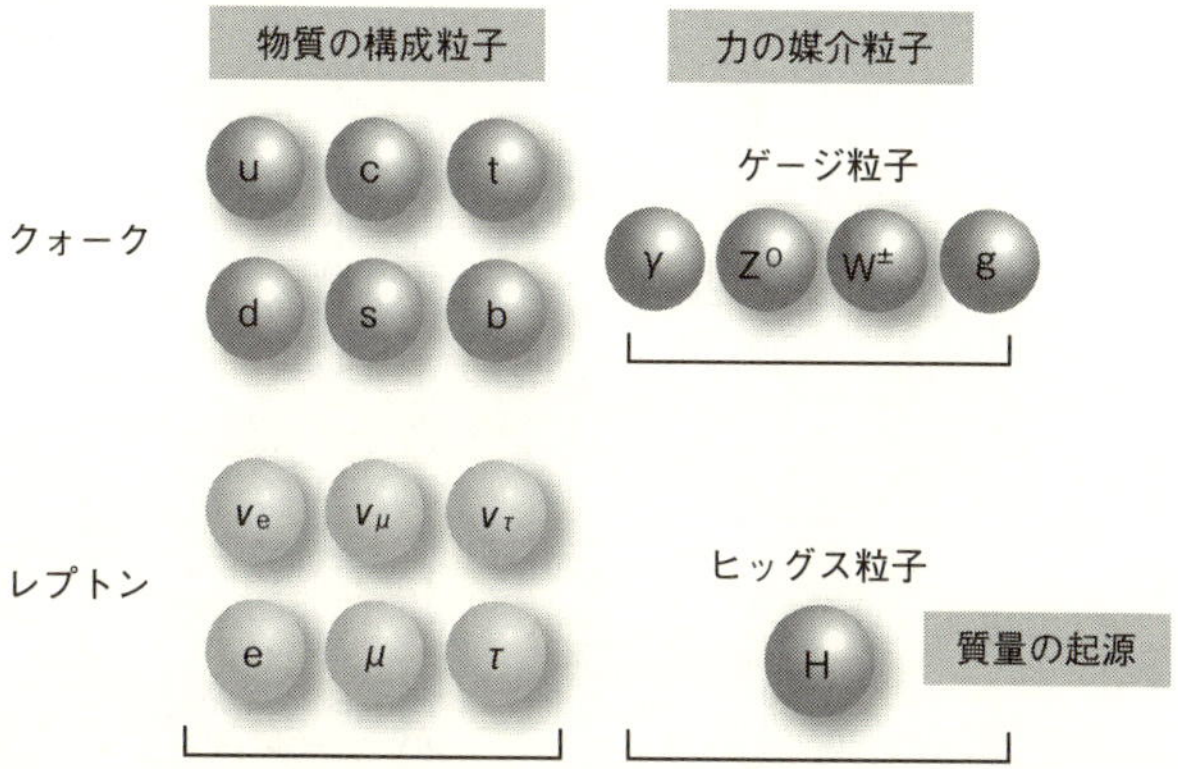

図3-2　素粒子の標準モデル

て、我々のレベル１ユニバースの性質もまた、有限個の自由度（あるものの性質を決定するために必要なパラメータ）で完全に決定できるはずです。

ここで、無限体積のレベル１マルチバース内に、有限自由度しか持たない有限体積の異なるレベル１ユニバースを並べて埋め尽くす状況を想定してください。この場合、必ずやどこか別の場所にも全く同じ自由度を持つ複数（実は無限個）のユニバースが出現するはずなのです。

これは無限の中には有限の組み合わせは必ず繰り返し登場することと同じです。例えば、無理数を小数で表現すると、小数点以下に数字が無限に続きますが、それらには周期性はありません。またその中で、隣り合う有限個の数字の特定の組み合わせに注目すれば、必ずどこかに、繰り返し無限回見つけることができます。

より具体的な例をあげましょう。まず、1という数字は平均的には10個に1回は見つかるでしょう。12という組み合わせも100個に1回程度登場するはずです。これを進めれば、どんなに長い数字の組み合わせであろうと、それが有限個である限り、この小数のどこかに必ず現れるはずです。しかも、その組み合わせは1回どころか複数回、実は無限回現れるのです。まさにそれこそが無限という概念の意味でもあります。

この考え方を応用すれば、いくら大きかろうとたかだか有限個の自由度しか持たない我々のユニバースの場合、それと瓜二つで区別不可能なクローンユニバースが、無限体積を持つレベル1マルチバース内のどこかに、しかも無限個実在することが納得できるでしょう。

これはレベル1マルチバースの体積が無限であることを認めれば、論理的に当然の帰結でしかありません。にもかかわらず、物理的には驚くべき意味を持ちます。すなわち、私も皆さんも、さらには本書をも含むすべてが全く同一の状態にあるクローンユニバースが、はるか遠くどこかに実在すると主張しているのです。決して簡単に受け入れられる類の結論ではありません。

そこでせっかくですから、我々のユニバースからどれくらい離れたところにクローンユニバースがあるはずなのか、実際に計算してみましょう。

我々のユニバースの地平線半径（１３８億光年）は10の28乗センチメートルです（以下、数倍程度の違いには目をつぶり、大雑把に桁の議論だけを行います）。生物も含めた物質界は実質的には原子でできているので、ここではこのユニバースが水素の原子核（陽子）だけから成るものと近似します。陽子の実質的なサイズは10のマイナス13乗センチメートル程度ですから、このユニバースを$(10^{28}\mathrm{cm}/10^{-13}\mathrm{cm})^3$＝10の１２３乗個の体積要素に分割すれば、その各要素に陽子が存在するかしないかの２通りの可能性を考えることで、そのユニバース内の物質分布を完全に指定できます。対応するすべての可能性の場合の数は、２の「10の１２３乗」乗（$2^{10^{123}}$）です（ここでは、陽子自身の持つ自由度はないものと考えました。例えば、そのスピンの自由度を考えればさらに数は増えますが、以下の議論においては本質的ではありません）。

２の「10の１２３乗」乗個のレベル１ユニバースを含む領域の半径は、「２の「10の１２３乗」乗」の立方根×１３８億光年です。これはおよそ10の「10の１２２乗」乗×１３８億光年となります。つまり、現在のレベル１ユニバースを一列に10の「10の１２２乗」乗個並べれば、平均的にはそこまでに我々のレベル１ユニバースと同一のクローンユニバースが1個実在するはずです（図3－3）。

　そもそも数学的な意味での無限大、あるいは無限という概念が、この自然界に実在するものかどうか、私には全くわかりません。これは無限大とは逆の極限である、数学的な点あるいはゼロが、この世界に実在するのかという疑問と本質的には同じです。数学的な意味での点は何も自由度がないはずなので、それは実体を伴うことはできないという哲学的な主張も説得力を持つような気がします。同じく無限大は、それが実在するかどうかにとどまらず、それを確認するためには、まさに無限の時間が必要でしょうから、無限大の実在は検証不可能に思えます。その意味では科学的な対象ですらないのかもしれません。

　表3－2にあるように、大きな数あるいは小さな数には名前がついているようですが、これは上述の考察を深めてしまうと、やがて宗教的な思考に到達し、悟りを開くためにもこの世界の広がりや時間の長さを言語で表現する必要があったからなのかもしれません。

　ずいぶんと話が脱線してしまいましたが、仮にレベル1マルチバースが無限体積であれば、決して検証できないほどのはるか遠くであるにせよ、我々のクローンユニバースが（無限個）実在するというのが論理的帰結です。そこには、私（のクローン）がいて、この本（のクローン）が出版され、皆さん（のクローン）が、それを読みつつ、彼らにとっ

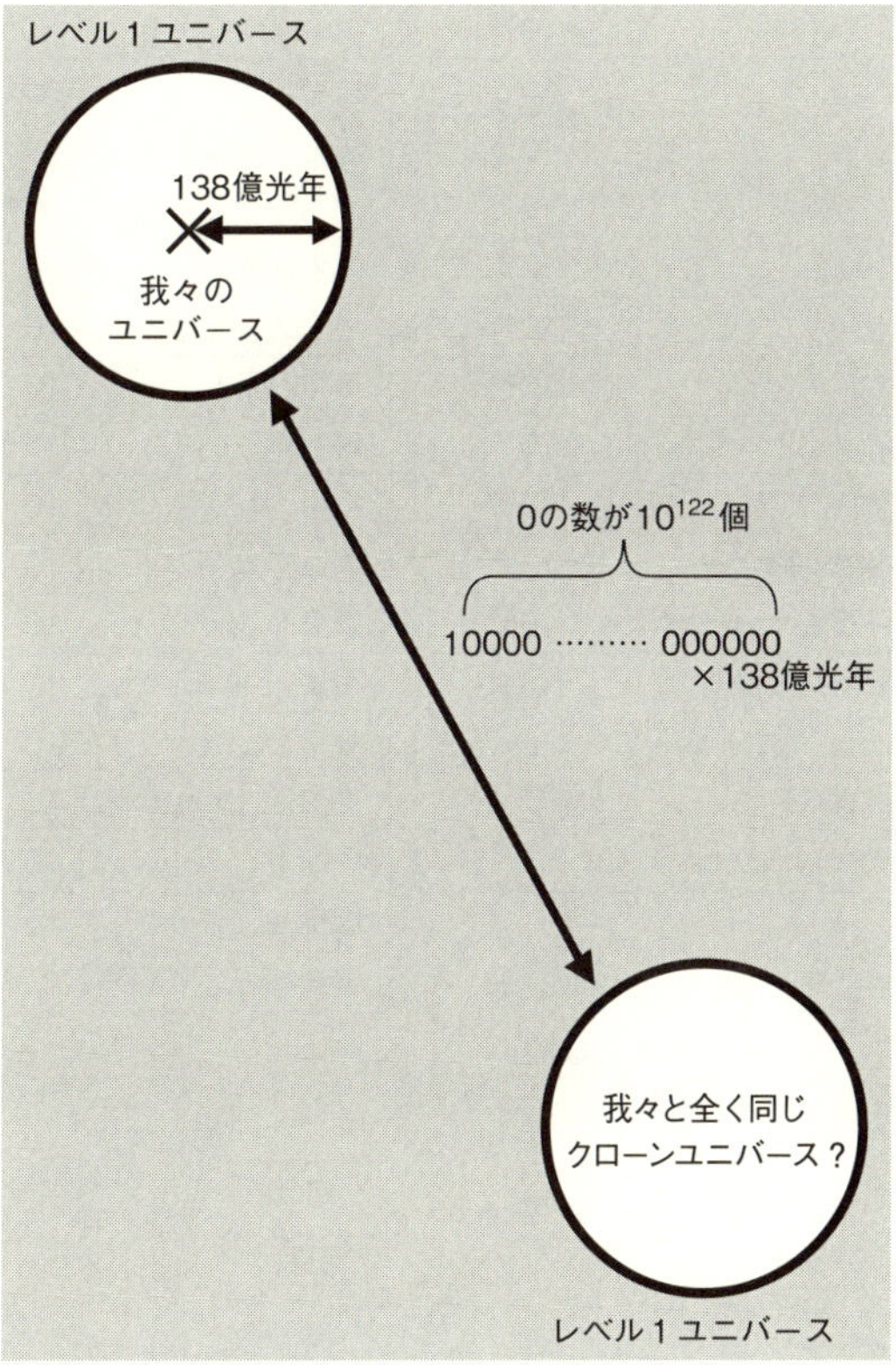

図3-3　クローンユニバース

大きな数

京（けい）	10^{16}
垓（がい）	10^{20}
秭（じょ）	10^{24}
穣（じょう）	10^{28}
溝（こう）	10^{32}
澗（かん）	10^{36}
正（せい）	10^{40}
載（さい）	10^{44}
極（ごく）	10^{48}
恒河沙（ごうがしゃ）	10^{52}
阿僧祇（あそうぎ）	10^{56}
那由他（なゆた）	10^{60}
不可思議（ふかしぎ）	10^{64}
無量大数（むりょうたいすう）	10^{68}
不可説不可説転（ふかせつふかせつてん）	$10^{7\times2^{122}}$

小さな数

毫（ごう）	10^{-3}
絲（し）	10^{-4}
忽（こつ）	10^{-5}
微（び）	10^{-6}
纖（せん）	10^{-7}
沙（しゃ）	10^{-8}
塵（じん）	10^{-9}
埃（あい）	10^{-10}
渺（びょう）	10^{-11}
漠（ばく）	10^{-12}
模糊（もこ）	10^{-13}
逡巡（しゅんじゅん）	10^{-14}
須臾（しゅゆ）	10^{-15}
瞬息（しゅんそく）	10^{-16}
弾指（だんし）	10^{-17}
刹那（せつな）	10^{-18}
六徳（りっとく）	10^{-19}
虚空（こくう）	10^{-20}
清浄（しょうじょう）	10^{-21}

表3-2　大きな数と小さな数

てのクローンユニバース（すなわち我々）の存在に思いを馳せているはずです。

　ところで、このクローンユニバースはどこまで同一なのでしょうか。ここまでは、物質の配置が完全に同一であるという条件だけを考えました。仮に原子配置という意味において区別できないクローン人間があろうと、その心、すなわち意識は異なっているはずだ、という考えもありえます。これは、哲学における唯物論と唯心論の論争に帰着するのでしょうが、私は（そしておそらく大多数の自然科学者は）神経シナプスの結合まで含めて完全に同一の物質配置が実現されたとすれば、その人間の意識が違うことはありえないという唯物論の立場です。究極的には物質配置以外に、意識を宿す場所は物理学的には考えられません。したがって、クローンユニバースに存在する私のクローン人間は、外見だけでなく心や記憶まで含むあらゆる観点で私そのものであり、決して区別できないと思います。

レベル1の話はこの辺りでやめておきますが、実在が当たり前だと思えるレベル1ユニバースとレベル1マルチバースですら、突き詰めて考えると信じがたい帰結をはらんでいる可能性があることは強調しておきたいと思います。

3-3　階層的宇宙——レベル2マルチバース

我々が属しているレベル1マルチバース以外にも、異なるレベル1マルチバースがある

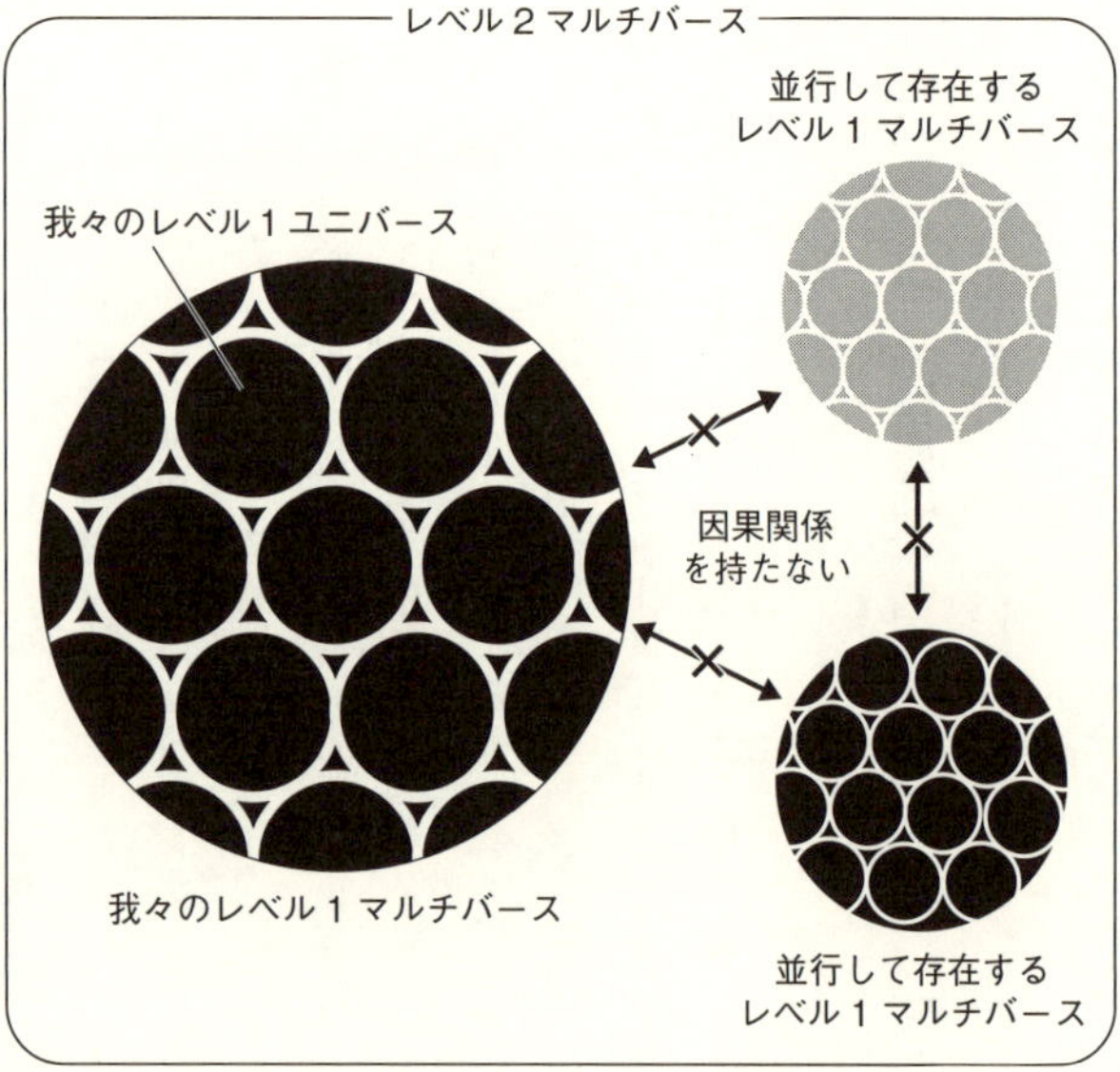

図3-4　レベル１マルチバースとレベル２マルチバース

かもしれません。ただし異なるレベル１マルチバースは、いくら時間が経過しようと互いに因果関係を持たない（つまり、互いに相手の存在は永遠に知ることがない）ものとします。もしも因果関係を持つようであれば、それは同じレベル１マルチバース内の異なるレベル１ユニバースだと解釈すればよいだけだからです。

因果関係を持たないマルチバースを想像するのは困難なのですが、例えば図３－４のようなイメージでしょうか。このように、互いに隔たっているレベル1マルチバースが無数に散らばっているものと考えて、それらの集合をレベル2マルチバースと定義しましょう。この場合、それぞれのレベル1マルチバースは、その上の階層であるレベル2マルチバース集合の要素となりますから、レベル2ユニバースとみなせます。つまり、レベル1ユニバースの集合がレベル1マルチバース（＝レベル2ユニバース）であり、さらにそれらの集合がレベル2マルチバースというわけです。

ただし、この図で示されている異なるレベル1マルチバース同士の隔たりは、単なる空間的な距離というよりも、因果関係がないことを示しているものと解釈してください。同じ3次元空間にありながら因果的には隔離されている例はブラックホールです。我々のレベル1ユニバース内で定義されたブラックホールは、有限なサイズを持っています。そして、その内部からは何も我々のレベル1ユニバースへ伝わることができません。そのためブラックホールの境界は、事象の地平面と呼ばれています。しかしこのブラックホールは、我々のレベル1ユニバースとは直接的な因果関係を持ち得ない異なるレベル1マルチバースへつながっている可能性があります。

ブラックホールは無数に存在し得ますから、それらがすべて別のレベル1マルチバース

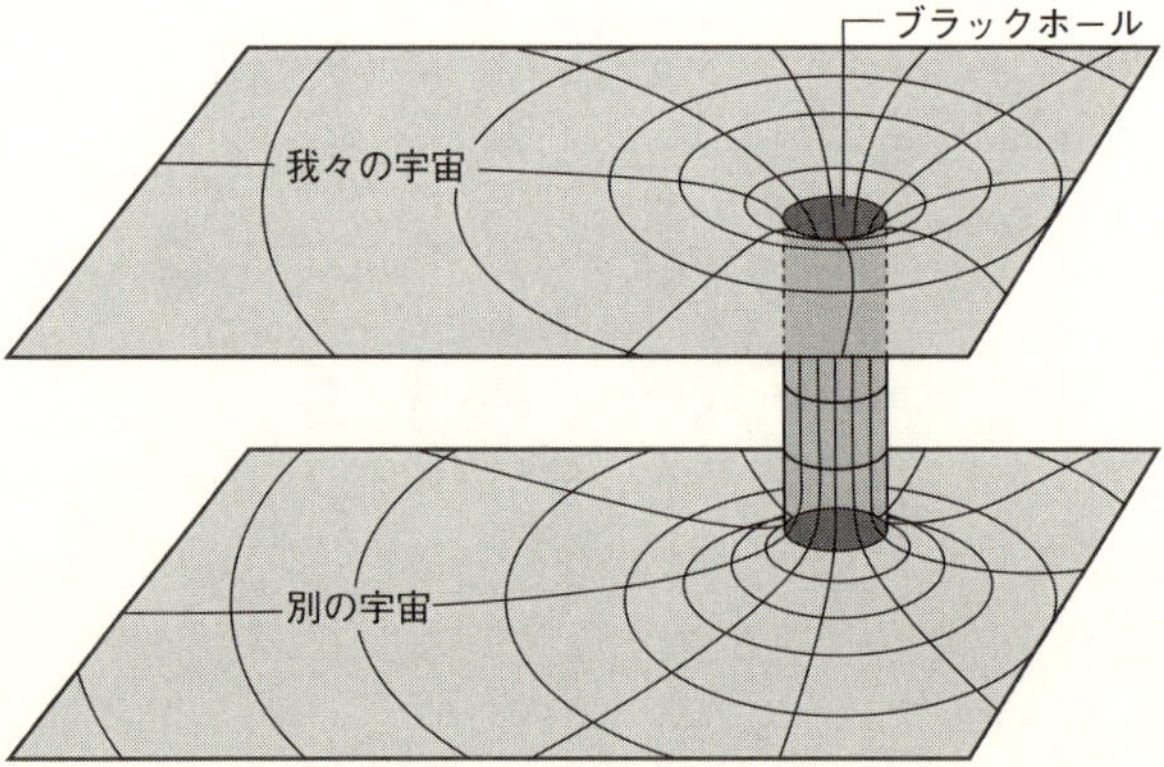

図3-5　ブラックホールによってつながったレベル1マルチバース

につながっているとするならば、レベル1マルチバースもまた無数に存在し得ることになります。さらにそれらは無限体積であっても構いません。その場合、ブラックホールの先にある別のレベル1マルチバースは、こちら側のレベル1マルチバースとは異なる次元の時空に存在しているとも解釈することもできます。とすれば、そもそもブラックホールを持ち出さずとも、高次元空間において、異なる3つの空間次元にあるレベル1マルチバースの集合が、全体としてレベル2マルチバースをなしている可能性もあります。

レベル1とは異なり、レベル2が実在する証拠はおろか必然性もないのですが、インフレーションモデルがレベル2マルチバースを生み出す理論の例であることは知られています。すでに述べたように、インフレーションモデルは宇宙の誕生を説明する理論というよりも、誕生直後の宇宙が指数関数的膨張期を経験するという進化を予言する理論です。

誕生直後の宇宙は、量子論的な不確定性に起因する時空のゆらぎで満ちていると考えられています。その場合、ゆらぎのために、たまたま不安定な真空状態となった領域は安定な真空状態へと相転移します。相転移とは説明が難しい現象ですが、身近な例は、水が沸騰して水蒸気になる場合です。低温では液体の水が安定状態ですが、高温では気体である水蒸気が安定な状態となります。しかし、やかんでお湯をわかす際に、水から水蒸気への相転移はあらゆる場所で一挙に起こるわけではありません。

まずはじめは低温で安定な水の状態の中に、たまたま高温で安定な水蒸気の状態が小さな泡として生まれ、やがては全体が水蒸気へと変化します（やかんでお湯を沸かす際には、水蒸気は徐々にやかんの外に出てしまうので、最後には何も残らなくなりますが）。どこにどの程度泡が生まれるかは、もともとの水の密度、温度、あるいは不純物などの空間的非一様性（ゆらぎ）で決まりますので、事前に予想するのは極めて困難です。

宇宙初期の相転移も同様に、局所的にうまれたエネルギー的に不安定な状態（偽真空と呼びます）から、安定状態である真の真空へと、非一様に進行します。ただし、温度上昇にともなう水の沸騰の例とは逆に、宇宙では宇宙膨張にともなって温度が下がりますから、水蒸気が霧になる、あるいは水が氷になる相転移に対応します。

量子ゆらぎのために局所的に生まれた不安定な偽真空状態（水蒸気の泡に対応）にある領域は、真空自体が持つエネルギーのために急激に膨張します。これがインフレーションで、もともと極めて小さかった領域が指数関数的膨張の結果、広大な領域となります。そして、その領域内が相転移によって安定な真の真空状態に落ち着く際に、真空エネルギーを潜熱として解放し高温高密度の状態になります。これがビッグバンの状態に対応します。その後は、膨張をしながら物質進化、構造形成を経て、現在の我々の宇宙（ここではレベル1マルチバース＝レベル2ユニバースの意味）になります。

しかし、霧が無数の細かい水滴からなっているように、我々のレベル1マルチバース以外にも、独立に指数関数的膨張を経た異なるレベル1マルチバースが存在することが期待されます。そのような無数のレベル1マルチバースは、互いに因果関係を持つことはできず、それらの集合がレベル2マルチバースということになります。

さらに、安定な真空状態は1つしかないとは限らず、理論モデルによっては数多くの異なる状態がありえます。その場合、インフレーションを終えた後のレベル1マルチバースが落ち着く先の真空状態は同じではなく、異なっているほうが自然です。

この真空状態の違いが、どこまで物理法則に影響するのかはわかりませんが、少なくとも、物理法則を特徴づける物理定数の値は違っているはずです。つまり、我々のレベル1マルチバース内では普遍的な値を持つ、万有引力定数G、光速度c、プランク定数h、さらに新たな真空状態の基底エネルギーである宇宙定数Λなどが、別のレベル1マルチバースでは、全く異なる値をとっているかもしれません。

このように、レベル2マルチバースは、因果関係を持たず、かつ異なる物理法則にしたがう無数のレベル2ユニバース（＝レベル1マルチバース）から成り立っている可能性があるのです。これが、すべて同一の物理法則にしたがうレベル1ユニバースの集合であるレベル1マルチバースとは、本質的に違う点です。そしてこれこそが、後述の人間原理においてて、レベル1マルチバースではなくレベル2マルチバースが必要とされる理由なのです。

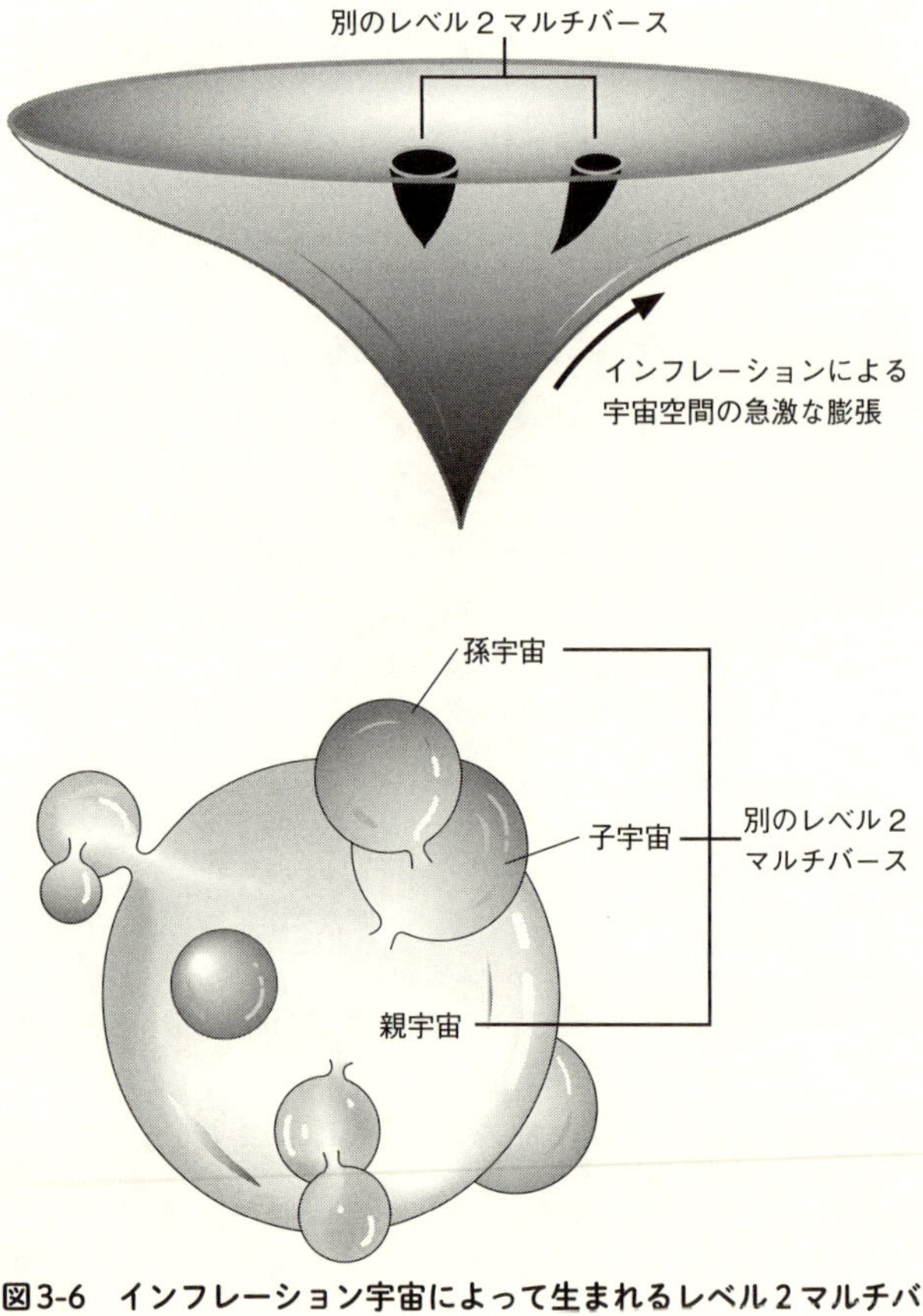

図3-6　インフレーション宇宙によって生まれるレベル2マルチバースのイメージ

3-4 量子力学・多世界解釈――レベル３マルチバース

レベル３は、レベル１とレベル２とはかなり毛色が違い、量子論の観測問題に対する多世界解釈という考え方から示唆されるマルチバースの可能性です。観測問題というのは微視的世界を記述する量子論において、根源的でありながら未解決の難問です。それについては、コペンハーゲン解釈という標準的な説明があるのですが、「解釈」という名前からも想像できるように、完全に正しいと言い切れるようなものではありません。

我々の日常生活で用いられている電子機器から、原子力発電、さらには太陽光発電に至るまで、すでに陰に陽に量子論は本質的な役割を果たしています。そもそも太陽のエネルギー源は、量子論的な核融合反応ですから現代科学文明を支えるのみならず、そもそも地球上のすべての生物は量子論のおかげで誕生し存在できているのです。にもかかわらずその根幹部分が完全には理解できていないとは皮肉ですが、応用する上ではそれでも困らないというさらに奇妙な状況なのです。

20世紀を代表する物理学者で、量子電気力学の基礎に対する理論的貢献でノーベル物理学賞を受賞したリチャード・ファインマンは、

I think I can safely say that nobody understands quantum mechanics.
（私は自信を持って、量子力学を理解している人はいないと断言してよいと思う）

と述べていますが、これはまさにこの観測問題を含む量子論の奇妙さを指しています。

というわけで観測問題の解説自体はかなり難しいのですが、正確ではない古典的な比喩を使うことで、直感的な説明を試してみます。

3-4-1 古典的バタフライ効果

あの時ああしていたら今頃どうなっていたんだろう。誰でも繰り返し想像したことがあると思います。だからこそ、ＳＦ小説ではパラレルワールドが人気なのでしょう。レベル3マルチバースは、いわばそのようなパラレルワールドの集合です。

テグマークが想定するレベル3マルチバースは、量子論に関連して登場する多世界（＝

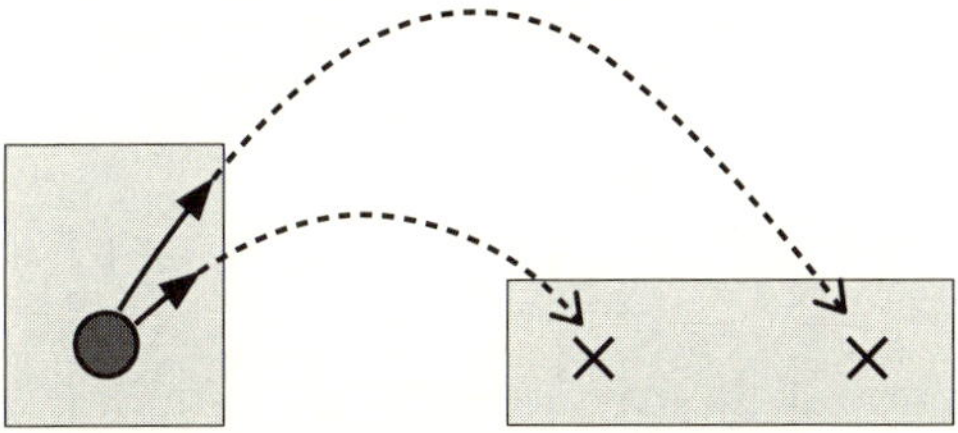

図3-7　決定論においては初期条件が決まれば未来の結果も決まってしまう

パラレルワールド）なのですが、その大まかなイメージは決定論である古典物理学でも説明可能です。ここで決定論というのは、初期条件が決まれば未来のすべてを一意的に決定できる理論体系を指します。古典物理学の根幹をなすニュートン力学は、「加速度＝力」というニュートンの第2法則をその基礎方程式としています。ある時刻でその粒子の位置と速度（初期条件）を与えると、その粒子のそれ以降の運動はこの方程式（物理法則）にしたがって厳密に計算できます。

その一方で、決定論的方程式にしたがうはずであるにもかかわらず、現実的には未来の振る舞いを予言することが困難な系も数多く存在します。その有名な例は、気象です。最近は1週間以内の短期予報はかなり信頼性が高くなりましたが、それでも数ヵ月先の長期予報はあまり当たりません。これは気象学者の怠慢というわけではありません。気象現象を支配するシステム（つまり地球環境）の場合、ちょっとした初期条件の違いが、結果を大きく左右してしまうのです。これを初期条件敏感性と呼びます。

これはアメリカの気象学者エドワード・ローレンツが1972年に行った有名な講演「Predictability: Does the Flap of a Butterfly's Wings in Brazil Set Off a Tornado in Texas?（予測可能性：ブラジルで一匹の蝶が羽ばたくと、テキサスで竜巻が引き起こされるか？）」にちなんでバタフライ効果と呼ばれています。確かに本質をついた秀逸なタイトルですね。

このような初期条件敏感性を持つ予測不可能な力学系は普遍的に存在し、カオス系として知られています。宇宙の歴史は、そこで起こった様々な事象の総体ですが、その中には初期条件敏感性を持つ無数の事象が含まれています。そのため、ほんのわずかな偶然の違いによって、その後の宇宙史が予測不可能な影響をうけてきたはずです。

このような難しげな説明を述べ立てなくとも、未来が過去の無数の原因からなる複合的帰結であり、その中のほんの1つがわずかに変化しただけで、がらっと異なる結末に至る、すなわち「明日のことは明日にならないとわからない」というのは誰だって知っていますす。日本では古くから「風が吹けば桶屋が儲かる」ということわざで知られている真理を言い換えたのがバタフライ効果に他なりません。つまり、歴史とは本質的に不安定なのです。

とすれば、およそ考えられる無数の可能性を持つ宇宙の歴史の中で、なぜ我々はある特定の歴史だけに生きているのだろうか、と問うこともあながちおかしくはありません。つまり、「クレオパトラの鼻があともう少し低かったら」と嘆くのではなく、「クレオパトラの鼻が低い普通の宇宙こそ無数に存在しているのではないか」と考えるのが、（古典論版）レベル３マルチバースの立場です。

3-4-2 不確定性関係と量子論的確率

古典的決定論によれば、歴史は偶然の積み重ねでしかなく、それ以外の可能性は起こらなかった、との常識は疑いようもありません。ところが、量子論によれば、この常識のほうが間違っているかもしれないのです。

量子論では、微視的世界の事象はそれを「眺める」（正確な定義は難しいのですが、この行為を「観測」と呼びます）以前にすでに決まっているのか、あるいは「観測」して初めて決まるのか、が大問題なのです。有名な「月は我々が見ていないときにも本当にそこにあるのか」という問いは、この量子論的状況を表現したものです。巨視的な物体である月の場合には、誰もいなくともそこにあることは自明だと思われますから、この問いは荒唐無稽に聞こえます（むろんこれについても疑義を呈する哲学者はいるのですが、そんな問題設定ではなく微視的世界における以下の観測問題に取り組むほうがはるかに建設的です）。しかし、微視的世界を記述する量子論の標準解釈によれば、「見ていなければそこにはない」がより正解に近いと言えるのです。

古典論で考える場合、陽子と電子からなる水素原子は、太陽と地球からなる惑星系と極めて似た構造をしていますが、実際の大きさは10の21乗倍も異なっています。そのため、水素原子の構造は正確には量子力学で記述する必要があります。水素原子は電子が陽子の周りを半径1オングストローム（10のマイナス10乗メートル）で公転しているかのようなイメージで説明されることがありますが、量子論的には、電子は、陽子の周りの半径1オングストローム程度の領域にもやもやと分布している、と表現すべきなのです。その領域のどの場所に電子がいるのかは、観測しなければわかりません。さらに正確には、この広がりは電子が存在する「確率」に対応するものであり、「観測しなければわからない」とは「観測しないと決まらない」（そもそもどこにもいない）という意味なのです。

これこそが、量子論の本質です。具体例としては、ハイゼンベルクの不確定性関係がよく知られています。これは、粒子の位置座標 x と運動量 p の決定精度をそれぞれ Δx、Δp とした時、それらの積が満たす

$$\Delta x \cdot \Delta p \geqq \hbar/2$$

という不等式をさします。この右辺に登場する $\hbar$ はプランク定数（より正確にはプランク定数 h を 2π で割ったもので換算プランク定数）と呼ばれます。

この式によれば Δx と Δp を同時に0にはできません。無理やり $\Delta x=0$ とすれば Δp は無限大、つまり粒子の運動量 p の値は全くわからないし、$\Delta p=0$ とすれば、その粒子がどこにいるのか全くわからないことを意味します。そして、これは我々が「知り得ない」のではなく、そもそも位置も運動量も「確定していない」のだと解釈されます。

むろんこれは日常的な感覚とは全く相容れません。粒子がどこでどんな運動をしているかが厳密な意味で決まっていないなど、到底信じられないことでしょう。しかしながら、この奇妙な性質は、少なくとも原子以下のスケールに対応する微視的世界ではどうも真実

のようです。微視的世界では粒子があたかも波動のような性質を同時に示すという意味で、これを粒子波動二重性と呼ぶことがあります。さらに言えば、この波動というのは、日常生活で経験する実際の波ではなく、はるかに抽象的な「確率」を表現する波に対応します。このように、我々が当たり前だと信じている粒子や波動、または位置と運動量という概念そのものが、巨視的世界の経験にもとづいて直感的に受け入れられた定義でしかなく、微視的世界はそれらではうまく表現できないのです。

仮にこの解釈を認めれば、量子論における未来予測は、古典論と同じく現実的な意味で不可能どころか、原理的な意味ですら不可能となってしまいます。

このような喩えだけで納得してもらえるかどうかは別として、ここまでの話はすでに物理学では確立しています。物理的な「解釈」はさておき、量子論的な世界の記述には事象の起こる確率（波動関数）が本質であり、それがしたがう方程式（シュレーディンガー方程式）を解けば、すべての実験結果が正確に説明できます。それが量子力学です。

しかし、ここでさらに根源的な疑問が湧いてきます。量子力学にしたがう微視的世界と、ニュートン力学にしたがう巨視的世界の境界はどこなのか、さらに、そもそものような境界があるのか、です。これは未解決の難問なのですが、実はそのような境界など存在せず、巨視的世界もある状況の下で量子力学的振る舞いをするだろうと、考えている人が多いようです。これがまさに、レベル3マルチバースの存在に関わってきます。

3-4-3 コペンハーゲン解釈とシュレーディンガーの猫

本来、微視的世界と巨視的世界は連続的につながっているはずですから、その2つの世界が異なる法則にしたがっていると考えると奇妙なことが起こります。そのようなパラドクスには、量子力学の基礎であるシュレーディンガー方程式を発見したエルヴィン・シュレーディンガー本人も悩んでいました。その例として彼が提起したのが有名なシュレーディンガーの猫という思考実験です。

これは、猫、ラジウム、ラジウムが放射性崩壊して放出したアルファ粒子を検出し毒ガスを発生する装置、をまとめて箱の中に入れ、しっかりと蓋をしたまま待つという残酷な実験です。

量子力学によれば、ラジウムのような放射性元素がいつ崩壊するかは、確率的にしか予言できません。例えば原子量226であるラジウム同位体の半減期は約1600年です。

これは膨大な数のラジウムがあれば、１６００年後にはその半分がアルファ粒子を出してラドンに崩壊するという意味に過ぎません。あくまで統計的な結果が予測できるだけで、1個のラジウムだけを取り出しても、それがいつ崩壊するかはわかりません。１６００年後に崩壊している確率が50％、崩壊していない確率が50％であるとしか言えないのです。

ここまでであればまだ受け入れられるのですが、実際に崩壊しているかどうかは観測してみるまでは確定していないという信じがたい解釈が、量子力学では標準的だとされています。これは、デンマークのコペンハーゲンで量子力学の創設に貢献したニールス・ボーアのグループにちなんで、コペンハーゲン解釈と呼ばれています。

コペンハーゲン解釈によると、ラジウムが崩壊する際に放出するアルファ粒子を実際に観測するまでは、ラジウムは崩壊したかどうかわかりません。繰り返しますが、この「わかりません」とは、単に我々が知りえないという意味などではなく、そもそも状態が確定していない、つまり、「どちらでもない」という意味なのです。

量子力学で用いる記号を流用するならば、「観測前」のラジウムの状態は

|ラジウム〉＝a|崩壊した〉＋b|崩壊していない〉

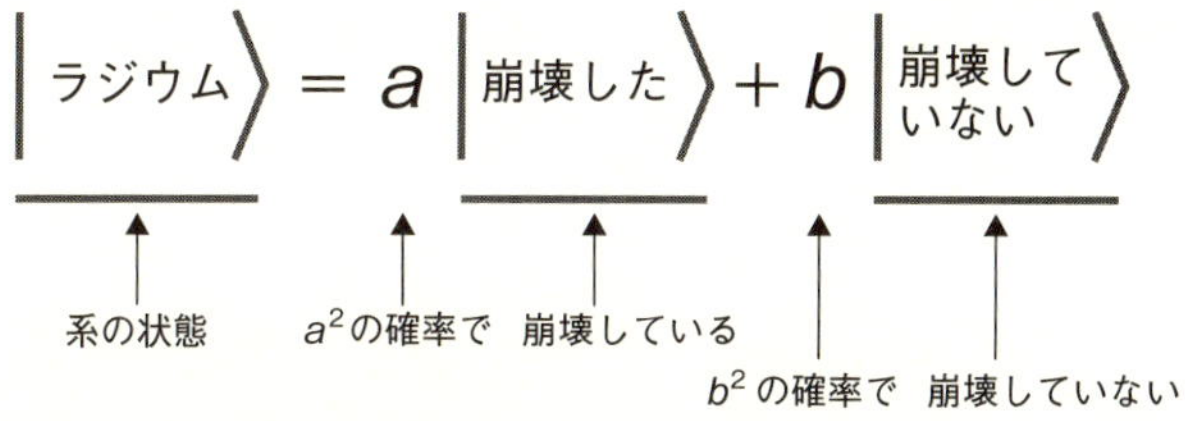

図3-8　量子力学での状態の表し方

と表現されます。この変な記号「|〉」は、ケットと呼ばれ、その系の状態を表します。複素係数aとbは、その絶対値の2乗が、ラジウムが崩壊した、あるいは崩壊していない確率を示します。したがって、今の場合は$|a|^2+|b|^2=1$が成り立ちます。このラジウムの状態を指して、崩壊した状態と崩壊していない状態がある確率で「共存した」重ね合わせの状態にある、と言われます（図3-8）。

もし我々が箱の蓋を開けて、装置がアルファ粒子を検出したことを「観測」したら、その瞬間に$a=1$、$b=0$となり、|ラジウム〉=|崩壊した〉という状態に変化します。逆に、何も検出していないことを「観測」したら、その瞬間に$a=0$、$b=1$となり、|ラジウム〉=|崩壊していない〉という状態に変化します。これを、ラジウムの波動関数の「収縮」と呼びます。しかし、この観測にともなう「収縮」がどのように起こるかを記述する方程式はないのです。

正直に言えば、説明をしている私ですら信じられない気がしますし、これだけで皆さんが納得してくれるとは思えません。にもかかわらず、このように解釈して量子力学を応用すれば、あらゆる実験と矛盾しないのです。これがコペンハーゲン解釈です。

そこでこの解釈を認めて先に進むことにしましょう。毒ガス発生器が、正しく動作するならば、ラジウムの崩壊は猫の死を意味します。したがって、この装置と猫を箱の中に入れて、外から「観測」できないようにしっかりと蓋をします。この場合、ラジウムどころか巨視的な物体である猫もまた

$$|猫\rangle = a|死んでいる\rangle + b|生きている\rangle$$

という重ね合わせの状態になるはずです。

もう一度強調しておきますが、この式の意味は「我々が知らないだけで、猫は生きているか死んでいるかのどちらかであり、その確率が a と b で決まる」ではありません。猫は生きていると同時に死んでいる状態なのだ、と主張しているのです。蓋を開けて「観測」して初めて、猫の状態が決まるのです。

ここまでくるとさすがに受け入れられないことでしょう。「我々が観測」しなくとも、

箱の中の毒ガス発生装置が動作したのであれば、それ自体がすでに実質的にラジウムの崩壊の「観測」となっているはずです。したがって、我々が箱を開けようと開けまいと、その中の猫の生死は確定しているに決まっており、猫の生死の重ね合わせ状態などナンセンスではないでしょうか。

いずれにせよ、シュレーディンガーはこの思考実験を通じて、量子力学は決して微視的世界だけに閉じたものではなく、必然的に巨視的世界の記述を変えてしまう可能性を指摘したのです。私が学生の頃受けた講義では、「観測問題に深入りするときりがなくなるので、あまり深入りしない方がよい」と忠告されたほどでした。ところが、現在は実験技術が格段に進歩したおかげで、量子論の観測とは何か、また量子論はどこまで巨視的世界にかかわっているのか、を探る本質的な実験的研究が精力的に行われるようになりました。

興味がある方には、専門的な教科書を読んで頂くことにして、コペンハーゲン解釈とは異なる多世界解釈の紹介に移ることにします。

3-4-4 多世界解釈とシュレーディンガーの猫

コペンハーゲン解釈にしたがうと、微視的世界は確率を表す波動関数というもので記述され、波動関数は「観測」した瞬間に非物理的な「収縮」を起こして、初めて状態が確定するそうです。とはいえ、このような解釈に納得できないのも無理はありません。

これに対して「微視的と巨視的、はたまた観測者と観測対象などといった不自然な区別を持ち込むから問題が起こるのだ。もっと単純に、それらをすべてひっくるめて（量子力学の）波動関数で記述する立場に徹すればよい」と主張した人がいます。これが、ヒュー・エヴェレットで、今では量子力学の多世界解釈の創始者として知られています。

「古典論でうまく説明できる巨視的世界と観測者はそのままにして、古典論では説明できない微視的世界だけを量子論で記述しようとするのは、人為的なつぎはぎである。この際、観測者を含めた巨視的な世界もまた量子力学にしたがっていると考えるべきだ。巨視的世界がしたがっている古典力学は、量子力学の近似として自然に導かれるだけで、世界はあまねく量子力学で統一的に記述できる」

これが多世界解釈の根底を流れる思想です。その結果、量子論のコペンハーゲン解釈に対する不満を解消するべく提案された多世界解釈は、巨視的な世界の実在そのものに対する認識をも覆してしまいます。

では、エヴェレットの多世界解釈によれば、シュレーディンガーの猫の思考実験はどうなるのでしょう。コペンハーゲン解釈によれば、観測前の

|箱の中〉＝a|ラジウムが崩壊して猫が死んでいる〉
＋b|ラジウムは崩壊しておらず猫は生きている〉

の重ね合わせ状態が、観測者が箱を開けて「観測」した瞬間に、|ラジウムが崩壊して猫が死んでいる〉か、|ラジウムは崩壊しておらず猫は生きている〉か、どちらかの状態に突如収縮し、確定します。つまり、それ以外の状態は消滅してしまいます。

これに対して、多世界解釈では、箱の中とその外にいる観測者を区別して考えるのではなく、ひとまとめにした状態として

|箱と観測者からなる世界〉

＝a｜ラジウムが崩壊して死んだ猫と、それを見る観測者がいる世界〉
　＋b｜ラジウムは崩壊しておらず生きている猫と、それを見る観測者がいる世界〉

と表現します。この場合、観測者がどちらの結果を観測しようと、もう一つの状態（世界）が収縮して消滅するわけではありません。左辺は、2つの異なる世界の重ね合わせ状態なのですが、観測者は観測の結果として、右辺の第一項の世界にいたのか、あるいは第二項の世界にいたのかが確認できるだけです。つまり、観測結果によらず、その2つの世界が共存していると解釈するのです。

　この解釈にしたがえば、それぞれの世界での猫の生死は箱を開ける前から確定しています。観測とは、猫の生死の状態を確定させるのではなく、観測者が共存する複数の世界のどこに住んでいるのか確認するだけの意味しかありません。このようにコペンハーゲン解釈と多世界解釈は、微視的な観測問題を、世界は観測された1つだけしか実在しないのか、あるいは異なる可能性に対応した複数の世界が存在するのか、という巨視的世界観の違いに帰着させます。私には、この2つの解釈について、これ以上詳しく論じる能力はありませんので、この程度にとどめ、次節以降では、多世界解釈を前提としたレベル3マル

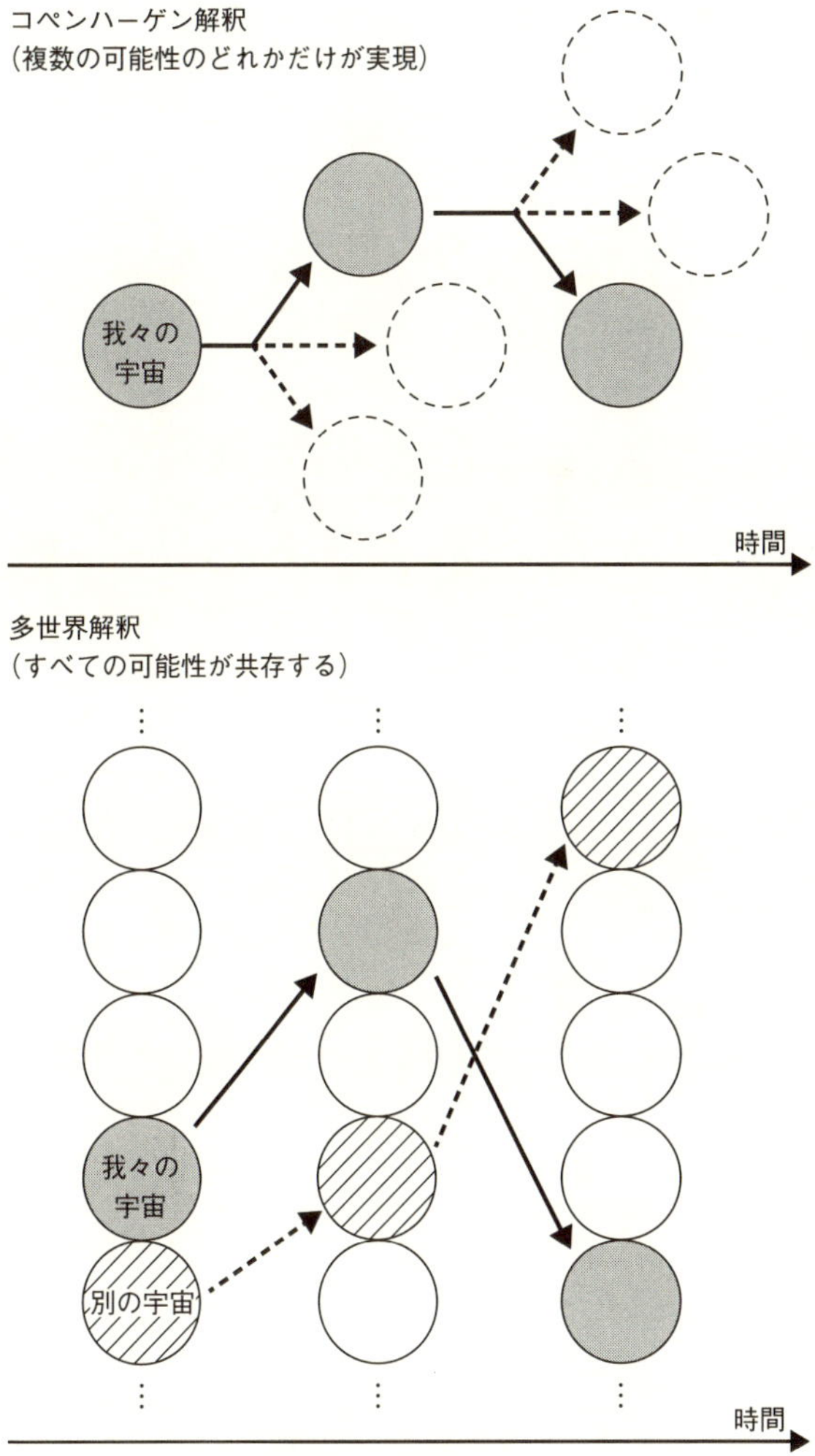

図3-9　コペンハーゲン解釈と多世界解釈

チバースの解説に移ります。

その前に、エヴェレットの生涯を簡単に紹介しておきましょう。彼はプリンストン大学大学院在学中に、友人との「馬鹿げた」議論を通じて、量子力学のコペンハーゲン解釈とは異なる多世界解釈の着想をつかみ、博士論文を執筆します。彼の指導教員であったジョン・アーチバルド・ホイーラー（リチャード・ファインマンの指導教員でもあり、ブラックホールの名付け親としても有名です）は、1956年、エヴェレットが書き上げた博士論文を携えて、コペンハーゲン解釈の総本山であるコペンハーゲンの研究所を訪問して、ボーアと議論しますが、結局ボーアに納得してもらうことはできませんでした。それを聞いて失望したエヴェレットは当初の原稿を約4分の1に縮めたものを博士論文として提出し、審査委員会で受理してもらうとともに、論文誌に公表しました。

この間に、エヴェレットは大学を去り、米国国防総省兵器システム班の研究職に就きます。国防総省では複雑な輸送問題の最適化を行う優れた手法を開発し、現在も機密文書とされている核軍事戦略レポートにおいて重要な指摘を行ったようです。その後、民間の防衛関係の会社とデータ解析関係の会社を設立します。

1957年には、エヴェレットの論文に対して「現実世界は分岐しない」と反論していた著名な物理学者ブライス・ドウィットは、その後、エヴェレット解釈の支持者に転向し、未発表だった短縮前の博士論文を含む多世界解釈に関する論文集を１９７３年に出版しました。その結果、多世界解釈は物理学者の間でも知られるようになっただけでなく、多くのＳＦ小説に登場して有名になりました。他方、エヴェレットは人格的にはかなり問題があり、しかもヘビースモーカーかつアルコール依存症だったようです。１９８２年7月19日、就寝中に51歳の若さで亡くなりました。あまりに独創的すぎて同時代人には理解されないまま不遇の人生を送った天才。エヴェレットはまさにその典型例なのかもしれません。

3-4-5　多世界解釈的マルチバース

シュレーディンガーの猫の例を一般化すれば、多世界解釈では、世界の状態が、互いに排他的で異なる可能性に対応する世界の重ね合わせとして、

$$|\text{世界}\rangle = a|\text{世界}1\rangle + b|\text{世界}2\rangle + c|\text{世界}3\rangle + d|\text{世界}4\rangle + \cdots\cdots$$

と書き表されます。右辺に登場する世界は、どれか1つだけではなく、すべてが（どこかに）共存しているのだと解釈します（図3-9の下段）。

つまり、世界とは、自分が存在している世界以外だけでなく、「あの時あれが起こっていたらああなっていたはず」というすべての可能性に対応する集合からなると考えるのです。この状態を象徴的に表した左辺がレベル3マルチバース、右辺に登場する異なる具体的な世界の一つ一つがレベル3ユニバースだと考えてください。

個々のレベル3ユニバースでは、すべての事象は確率的ではなく決まっています。多世界解釈では「観測」という行為が、微視的世界の一部分を記述する波動関数の収縮を引き起こすことはありません。単に観測者が自分の住む世界を確認するという行為に過ぎません。それぞれのレベル3ユニバースでは、観測者が観測しようがしまいがその性質は変わりません。その結果まで含めて、多世界解釈に登場する世界は確率的ではなく決定論的です。

「エヴェレットの多世界解釈では、観測をするたびに世界が分岐する（つまり、新たな世界が生まれる）」といった説明をよく見かけます。そう考えてもよいのかもしれませんが、ここで展開した説明に沿えば、自分が今まで住んでいた世界が次々と分岐するというよりは、すでにあらゆる可能性に対応する無数の世界が準備されており、自分はその中のどの特定の世界に存在しているのかを認識したに過ぎないと解釈したほうが素直だと思います。観測をした瞬間に、それまで自分がいた世界が突然複数の異なる世界に分岐するのだとすれば、コペンハーゲン解釈における波動関数の収縮以上に不自然です。

ところで、ある特定のレベル３ユニバースの住人は、その外にあるレベル３ユニバースの状態はおろか、それらの存在すら直接知ることはできません。この意味において、左辺のレベル３マルチバースの意味での〈世界〉は、右辺のレベル３ユニバースが互いに干渉することなく並立している多世界状態です。そして、それらを同時に俯瞰できる超越的な観測者は存在しません（どのレベル３ユニバースにも属していない「神様」が存在しない限り）。

この点が、エヴェレットの多世界解釈とＳＦでおなじみのパラレルワールドとの決定的な違いです。もう一つのパラレルワールドと自由に行き来できないどころか、その存在を知ること自体が不可能ということになれば、ＳＦとしては面白くもなんともありませんから。

さて、私には、エヴェレットの多世界解釈は、コペンハーゲン解釈よりも、概念的にはすっきりしているように思えます。観測による状態の収縮などという不可思議なものが駆逐された点も評価できるでしょう。でも、その代わりに持ち出されたレベル3ユニバースが、単に思弁的なものに過ぎないのか、それとも本当に実在しているものなのか、決着をつけることは不可能に思えます。科学哲学者であるカール・ポパーが提唱する科学の定義は、falsifiability（提案された仮説が間違っていることを証明できること）です。その意味において、この多世界解釈は、科学的仮説とは呼べそうにありません。

3-4-6 量子自殺

ところが、驚くべきことに、テグマークは、レベル3マルチバースがあるかどうかを実験で検証できると主張しているのです。彼は、「シュレーディンガーの猫」をもじって、「シュレーディンガーの人間」、別名「量子自殺」という物騒な思考実験を考えました。

まず、一丁のピストルを準備します。ロシアンルーレットと同じく、引き金を引いた時に弾が発射される平均的な意味での確率の値はわかっているものの、各回で本当に弾が発射されるかどうかは（量子論的な意味で）予測不可能だとします。簡単な例として、その確率が99％だとします。つまり、平均的には100回に1回だけ弾が出ないという状況です。

まず、どこか遠くの標的に向かってそのピストルを試し撃ちしてみます。この場合、多世界解釈的な書き方をすれば、

|弾、自分〉＝0.99|弾が発射されたことを確認した自分がいる世界〉
＋0.01|弾が発射されなかったことを確認した自分がいる世界〉

となります。実際には、この試し撃ちを繰り返すことで、弾が出ない確率が推定できることになります（ここではわかりやすいように、それぞれの確率を係数として書きました。通常の量子論の記法にしたがえば、それらの平方根$\sqrt{0.99}$と$\sqrt{0.01}$とすべきです。しかし以下の議論では、ほぼ1に近い値とほぼ0に近い値であることだけが重要なので、あえてわかりやすさのためにこの書き方を採用します）。

では、次に標的ではなく、自分の額に向けてピストルの引き金を引いてみます。ただし、ピストルから発射される弾が観測されたり、弾が命中してからしばらく意識があるなどといった場合には、すべての事象は古典的に確定してしまうので、ここでは自分が死ぬ

過程までもが完全に量子的にかつ一瞬で終わるものと仮定します（これが、量子自殺と命名した理由です）。この場合、先ほどの式は、

|弾、自分〉= 0.99|弾が発射され自分が死んでいる世界〉
+ 0.01|弾が発射されず自分が生きている世界〉

となります。ところが、自分が死んでいる世界には自分は存在していません。したがって、自分が認識できる世界は、この第二項の世界だけに限られます。コペンハーゲン解釈にしたがえば、弾が発射された時点で、第二項は消滅してしまうのですが、多世界解釈にしたがえば、弾が発射されたとしても第二項の世界は実在し続けます。とすれば、ピストルの引き金を引いた本人は常に後者の世界にのみ生き残り続けます。

もちろんコペンハーゲン解釈が正しいとしても、弾が発射されない確率は0ではないですから、一回だけではまだそれが間違っているとは言えません。しかしN回繰り返せば、コペンハーゲン解釈と多世界解釈の結果の違いは、決定的になります。すなわち、

|弾、自分〉

$= 1 - 0.01^N$〈N回のうち少なくとも一度弾が発射され自分が死んでいる世界〉

$+ 0.01^N$〈N回のうち一度も弾が発射されなかったので自分が生きている世界〉

と書いてみると、コペンハーゲン解釈によれば生き延びることは事実上ありえません。しかし、無数のレベル3ユニバースが実在するならば、何度繰り返そうと自分が生きているユニバースが残っています。したがって、何度引き金を引いても、不思議なことに常に空砲ばかりで自分は生き延び続けますから、多世界解釈の正しさを実感できるはずです。

もしも多世界解釈が正しいという信念と、桁外れの勇気を兼ね備えている方がいらっしゃれば、上記の実験で検証可能なはずです（もちろん、決してお勧めはしません）。そして、そのような方にとっては、多世界解釈とレベル3マルチバースはいずれも立派な科学的仮説だと言えます。

ただ念のために強調しておくと、多世界解釈が検証できるのは、試みた本人だけで、それ以外の第三者には区別できません。それは、次のように第三者まで含めた世界を考えれば、理解できます。

|弾、自分、第三者〉=0.99|弾が発射され死んだ自分を第三者が見ている世界〉
+0.01|弾が発射されず生きている自分を第三者が見ている世界〉

本人は後者の世界にしか存在しないので、100%後者の世界で生き延びます。一方、本人ではない第三者はいずれの世界にも存在します。そのため、コペンハーゲン解釈にしたがって1つしかない世界で上記の2つの事象が起こる確率と、多世界解釈にしたがって上記の2つの事象が実現している世界の数の割合は、同じです。

つまり、この実験を観察している第三者は、コペンハーゲン解釈であろうと多世界解釈であろうと、同一の確率で、その本人が死ぬ現場を目の当たりにするだけです。したがって、2つの解釈のどちらが正しいのかを判断するのは困難です（その本人が生き延びる世界に常に存在している第三者にとっては、キツネにつままれた気がするかもしれませんし、中には多世界解釈に納得してくれる人もいるかもしれませんが）。いずれにせよ、世の中の真実を知りたいと思えば、傍観するだけでなく自らの命をかけるだけの決意が必要である、という教訓なのかもしれません。

3-4-7　並行宇宙は可算無限個か

ところで、多世界解釈にもとづくレベル3ユニバースはどのくらいの数必要なのでしょう。つまり「多」とはどの程度の多さなのでしょうか。すべての可能性を尽くすだけのレベル3ユニバースを準備するのは並大抵ではなく、考えただけで気が遠くなりそうです。もしも、この世界を決める事象の数とそれに対する選択の可能性がいずれも有限個だとすれば、レベル3ユニバースも有限個で足りるものの、すべての事象に対する可能性が有限個で尽くせるとは限りません。例えば、連続値をとる物理量を測定する場合、起こりうる可能性は有限個どころか可算無限個ですらなく、連続無限となるかもしれません。さてここまで、「無限」という言葉を定義することなく幾度も用いてきましたが、正確には、可算無限と連続無限の2種類を区別しておくべきでした。

可算とは数えることができるという意味で、1、2、3、……のように無限個ある自然数と一対一に対応づけることができる場合に対応します。すべての正の整数と、（負の整数も含む）すべての整数の個数はどちらが多いかを考えると、直感的には後者が2倍多いように思えますが、実はどちらも同じである、といった話を聞いたことがあるのではないでしょうか？　これが可算無限個です。無限個に無限個を足しても同じ無限個であるという結果なのですが、これがまさに「無限」の不思議さを示しています。

さらに可算無限とは異なり、数えることすらできない「連続無限」が存在します（いわゆる対角線論法によって証明することができます）。そのイメージとしては、図3－10のラジオを思い浮かべてください。若い人は見たことないでしょうが、昔のラジオは選局するためのアナログ式チューナーがついており、それを手で回して一番はっきり聞こえる場所を選んでいました。最近はプリセットされた周波数を選ぶデジタル方式になっています。この例では、ある範囲内に分布するラジオ電波の周波数を可算無限個のボタンからなるデジタル式ラジオで網羅できるか、という疑問が、可算無限と連続無限の違いの本質です。そしてその答えは、可算無限個のデジタル式ボタンでは、連続無限のアナログ周波数を厳密にカバーすることはできない、です。

横道にそれた議論が続きましたが、これは、レベル3ユニバースの個数は可算無限なのかあるいは連続無限なのか、という考察そのものです。我々の住むことができるユニバースは、本質的に1、2、3、……と数えられるような概念であるような気がします。とす

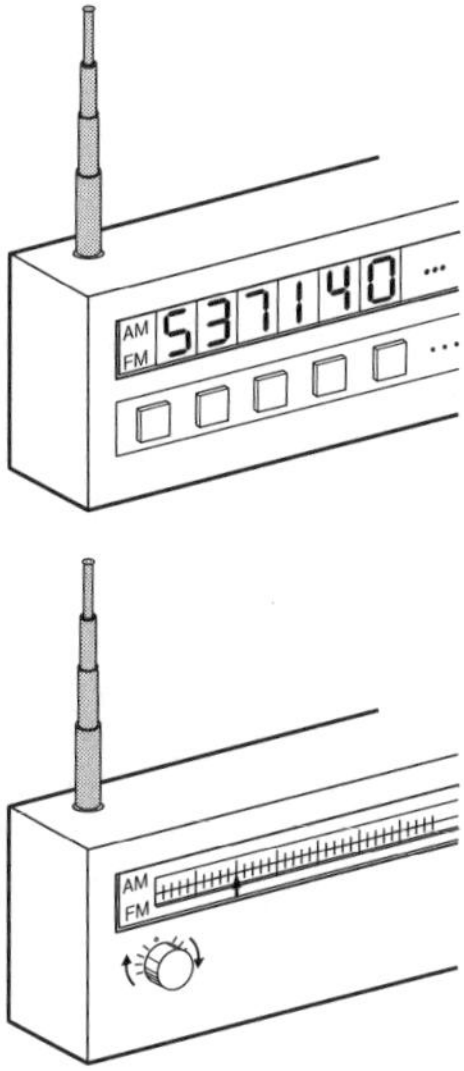

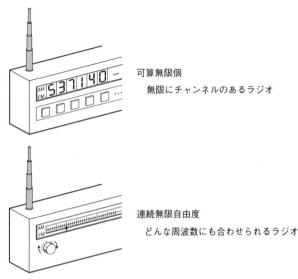

可算無限個
無限にチャンネルのあるラジオ

連続無限自由度
どんな周波数にも合わせられるラジオ

図3-10　可算無限と連続無限のイメージ

れば、デジタルに対応した有限個あるいは可算無限個となるはずです。一方で、アナログ的なパラメータがどこかに潜んでいるユニバースは、可算無限個では尽くすことができず連続無限個でなくては、起こりうるすべての可能性を尽くすことはできません。

　さてどちらが正しいのかはわかりません。しかし、もしもすべての物理量は連続ではなく、離散的な値しかとらないのだとすれば、やはりユニバースの数はせいぜい可算無限個で十分ということになります。実際、量子論によれば、ある条件のもとで、エネルギーや角運動量といった物理量が、連続的な値をとらず、離散的な値となることが知られています。これを物理量の量子化と呼び、そもそも量子論という名前の由来でもあります。また現在知られているすべての物質は最終的には分割できない素粒子からなっています。この事実が、有限体積のレベル1ユニバースは無限体積のレベル1マルチバース中に必然的にクローンユニバースを持つことはすでに説明したとおりです。

一方で、そのような有限体積のユニバースであろうと、その中にアナログ的自由度が残っているとすれば、そのクローンユニバース同士は厳密に等しいとは言えなくなります。そのユニバースに住む人々の意識はアナログ的自由度の候補かもしれません（3－2節参照）。

これとは逆の過激な立場は、意識を含むあらゆる物理量、さらには、時間や空間すら連続量ではなく何らかの最小単位（例えば、4－3節で紹介するプランクスケール）があり、それ以下に分割できないとする仮説で、真剣に研究している研究者もいます。

このように、多世界解釈が必要とするレベル3マルチバースを考え始めると、その集合の要素であるレベル3ユニバースはアナログなのかあるいはデジタルなのか、すなわちそれらの個数は可算無限個なのか否かという、さらに哲学的（あるいは根源的）な問題に行き当たってしまうのです。

3-5 数学的構造と時空――レベル4マルチバース

テグマークの分類の最後はレベル4マルチバースで、数学的な論理構造という抽象概念と宇宙という実在は、区別できないのではないか、というかなり哲学的な主張です。これは、レベル2やレベル3をさらに超越した考えで、ピタゴラスやプラトンのようなギリシャ哲学に回帰したような既視感があるほどです。

私も最初はその意味がわかりませんでしたが、今では自分なりに解釈できるようになった気がします。以下では私の解釈に沿って、レベル4マルチバースを説明しますが、テグマーク自身の考えと一致しているとは限りません。テグマーク本人の考えを知るには、彼自身の著書を読むのが一番です。

3-5-1 法則は世界のどこに刻まれているのか

レベル2マルチバースを説明した際、異なるレベル2ユニバース（＝レベル1マルチバース）では物理法則が同じである必要はなく、むしろ違っているほうが自然だと述べました。因果的に関係を持ちうる領域内で物理法則が異なっていると、いろいろとまずいことが起こりそうですが、因果関係がないレベル2ユニバース同士であれば、何も問題は発覚しません。

では、そもそも物理法則とは一体どこに刻まれているのでしょうか？　宇宙のどこか特別な場所に法則集が隠されているとは思えません。また、物質世界の基本構成要素である素粒子は、質量や、電荷、スピンなど、自分自身の性質はそなえていますが、それらにすべて量子力学にしたがうべし、といった注意書きが付いているはずもありません。

とすれば結局、物理法則とは宇宙そのものである、と考える以外になさそうです。つまり、物理法則という設計図を与えた時に、それを実現する具体的実体を作成した結果、1つの宇宙ができた、というわけです。その中の個々の部品（素粒子や時空）には、直接その設計図は書き込まれていませんが、設計図に沿って作られたものなのですから、それらは当然その設計図たる物理法則にしたがっている、というわけです。３Ｄプリンターに「物理法則」という設計図を入力して、印刷ボタンを押すと、しばらくして宇宙が誕生する、というイメージでしょうか。そして逆に、その宇宙をとことん解読したならば、その設計図である物理法則を復元できるのではないでしょうか。これこそが物理学者の営みなのかもしれません。

この喩えの是非はともかくとして、宇宙のどこかに法則が刻まれているのではなく、抽象的な法則を表現するためには具体的な宇宙が必要であり、異なる法則ごとに異なる宇宙を用意しなければならないというのは、自然な考えに思えませんか。

3-5-2　なぜ法則は数学で正確に記述可能か

さらに昔から繰り返し提起されてきた謎である「物理法則はなぜ数学で正確に記述できるのか」を考えてみましょう。すでに見たように、古代ギリシャの人々は、宇宙の構造は完全な幾何学にしたがっていると考えました。この考えはケプラーにも大きな影響を与えました。ニュートンは、物体の運動を記述するために、新しい数学（微積分学）を発見しました。アインシュタインは、友人のマルセル・グロスマンからリーマン幾何学の存在を教えてもらったおかげで、一般相対論を完成できました。量子力学と一般相対論を統一する理論の有力候補とされている超弦理論（英語の Superstring をどう訳すかの違いで超紐理論とも呼ばれます）には、まだ知られていない数学が必要だとされており、その構築が同時進行で試みられているようです。

このように、物理学（世界）を数学で正確に記述できるのは単なる偶然に過ぎないのでしょうか。あるいはより深い理由があるのでしょうか。正解の有無はともかく、もう少し突き詰めて考える価値はありそうです。ここでは大まかに、穏健派、中道派、過激派の3つの立場に分けて考えてみましょう。

穏健派：世界がすべて数学で正確に記述できるというのは、特に物理屋にありがちな思い込みだ。そもそも、世の中には生物、意識、信仰、芸術など、数学で記述できないことは山のようにある。それらには意識的に目をつぶった上で、数学で記述可能な世界の側面だけを取り上げているに過ぎない。

中道派：確かに、現時点では、数学的記述がうまく機能している現象のみを取り上げているのは事実である。しかし、生物や意識の問題も徐々に物理学的解明が進みつつある。これらは、物理学の得意とする要素還元主義がある段階から破綻する系であり、取り扱いが難しいのだが、やがては数学を用いて物理学的に理解できるようになるだろう。しかし、それが系の厳密な記述なのか、それとも、あくまで数学を利用した近似的記述なのかはわからないし、おそらく後者とみなすべきなのであろう。

過激派：世の中は単に数学で記述できるように見えているにとどまらず、厳密に数学にしたがっているのである。数学で記述できないことは存在しない。物理法則がある特定の数学の体系で記述できるというより、任意の無矛盾な数学の体系に対応する物理法則、そして世界が存在するのである。

最初の穏健派の意見にはうなずけそうです。中道派は平均的な物理屋の意見を代弁していると思いますが、これもある程度までは容認してもらえるでしょう。しかし、過激派の主張にはついていけない、というか反感すら抱かれかねません。

しかし、あえてこの過激派の思想を突き進めるのが、レベル4マルチバースの立場です。無矛盾な数学の体系には、対応する物理法則のセットが必ず1つ（あるいは複数）付随すると仮定しましょう。3－5－1節では、物理法則を与えればそれを具現する宇宙が実在する、と述べました。したがって、任意の数学的体系には対応する宇宙が実在することになります。これが過激派の思想の根源で、なぜ宇宙には法則があるのか、そして、なぜ法則は数学で記述できるのかという疑問への答えは、宇宙と法則と数学はすべて同じものだから、なのです。

3－5－3 無矛盾な数学的構造は必ず実在する

異なる数学的体系という表現を繰り返し使ってきながら、それらの具体的な例がどのようなものなのか、正直なところ私にはあまりよくわかりません。それとは少し違うもののわかりやすい例は、レベル2マルチバースで考えた（物理法則、したがってそれを記述する数学は同じでも、その中に登場する）基礎物理定数の値が異なる場合です。

例えば、光速度はこの宇宙における普遍定数であると考えられています。しかし、ではなぜ秒速30万キロメートルでなくてはならないのか。その2分の1、あるいは2倍、それどころか1兆倍ではなぜダメなのか。その程度の変更であれば、矛盾した宇宙を生み出すことはなさそうです。したがって、ダメな理由はわからないが我々の宇宙ではたまたまその値に決まっているのだと主張するならば、光速度が異なる別の宇宙の存在を黙認したことになります。

さらに推し進めて、光速度の値は宇宙の各点の密度に依存して変化する、あるいは時間変化するような可能性は否定されるものでしょうか。一旦、そのような修正を認めてしまうと、物理法則全体が無矛盾性に保たれるものなのか、私にはわかりません。もしも何らかの矛盾を引き起こすのであれば、そのような宇宙を考えることはできません。逆に、その矛盾を解消できるような物理法則全体の修正が可能であれば、そのような宇宙が存在するかもしれません。

これは、通常の物理学の方法論を大きく変えてしまいます。ある現象を説明するために、新たな理論モデル（大げさに言えば、物理法則）が提案されます。一般にある現象だけを説明可能な理論モデルは複数ありますが、異なる現象に対しては異なる予言をします。したがって検証実験の結果、ある理論モデルが生き残り、残りの理論モデルは「間違っている」と判断され棄却されます。

ところが、そこで棄却された理論モデルが、論理的な矛盾を引き起こすものでないならば、それは間違っているわけではなく、たまたまこの宇宙では採用されていないだけだ、と解釈することも可能です。つまり、「間違っている」のはこの宇宙のほうであり、異なる宇宙では、我々の宇宙で棄却された理論モデルが採用されているかもしれないのです。

むろん、これらはあくまで思考実験でしかありません。異なる宇宙が「存在し得る」と「実在する」とは全く意味が違う、というのが普通の感覚です。しかし、過激派の人々は、ここでも、そのような異なる物理法則（あるいは数学的体系）を持つ宇宙は必ず実在する、と主張します。次節を読めば、彼らの気持ちに少しは共感できるようになるかもしれません。

3-5-4 ロンリーワールド

我々は、抽象的な意味での存在し得る（頭の中で想像できる）、と実在する（観測し得る）、とは明確に区別できる概念だと信じて疑いません。でもそれは本当でしょうか？

我々は、自分が生きている世界は確認できますが、自分が生きていない世界は想像することしかできません。にもかかわらず、江戸時代は確かに存在したと信じていますし、自分が死んだ後にもこの世界は消滅せずに残っていると信じているはずです。

この考察を一般化してみましょう。まず過激派の主張にしたがって、異なる数学的体系、あるいは異なる物理法則に対応した数多くのレベル４ユニバースが存在し得ると認めましょう。この段階では、「存在し得る」と「実在する」とを区別しておきます。

さて、我々の宇宙には（少なくともレベル１ユニバースの意味で）、この地球以外の生命の存在は知られていません。そこでこの際、この宇宙に生命が生まれるのは奇跡だと認めてしまいましょう。その上で、何らかの偶然によってこの地球にも生命が誕生しなかったと想像してください。つまり、現在の我々のように、宇宙を観測し、その存在を確認できる存在がいないものと想像してください。それでも、この宇宙が実在していると言えるものでしょうか。

私を含めて大多数の人々は、仮に自分が直接確認できなくとも、あるものの実在はそれとは独立に決まっていると考えます。しかしそれは、自分以外の誰かが確認してくれることを前提としているからかもしれません（ここでの「確認」とは、論理的にその存在を結論できる場合も含みます。でなければ、「宇宙は人間が誕生するまで存在しなかった」の類の哲学的非実在論と同じ馬鹿げた主張に陥ってしまいますから）。では、自分はおろか物事を確認できる知性が未来永劫出現しない宇宙が「存在し得る」として、その宇宙は「実在」していると言えるのでしょうか。

このような宇宙は、ロンリーワールドと呼ばれています。次章で述べるように、生命が誕生するためにはかなり特殊な、言い換えると不自然な物理法則の微調整が必要だと考えられています。したがって、無数にあるはずのレベル4ユニバースのほとんどは、知性が存在しないロンリーワールドになってしまうでしょう。そんな宇宙など、実在しないと定義すればよいという、保守的あるいは現実的な立場もあり得ます。それに反論するつもりはありませんが、だとすれば、この地球に人類が誕生する数百万年（もっと具体的にネアンデルタール人レベルの知性が必要だと考えるなら約40万年）以前の時代を考えると、その時点ではその宇宙は実在しないことになってしまいます。

逆に、我々が住むこの宇宙の実在が客観的に揺るぎないものと確信している人は（多分、私も含めてほとんどの方は同意するのではないでしょうか）、仮にどこにも知性が存

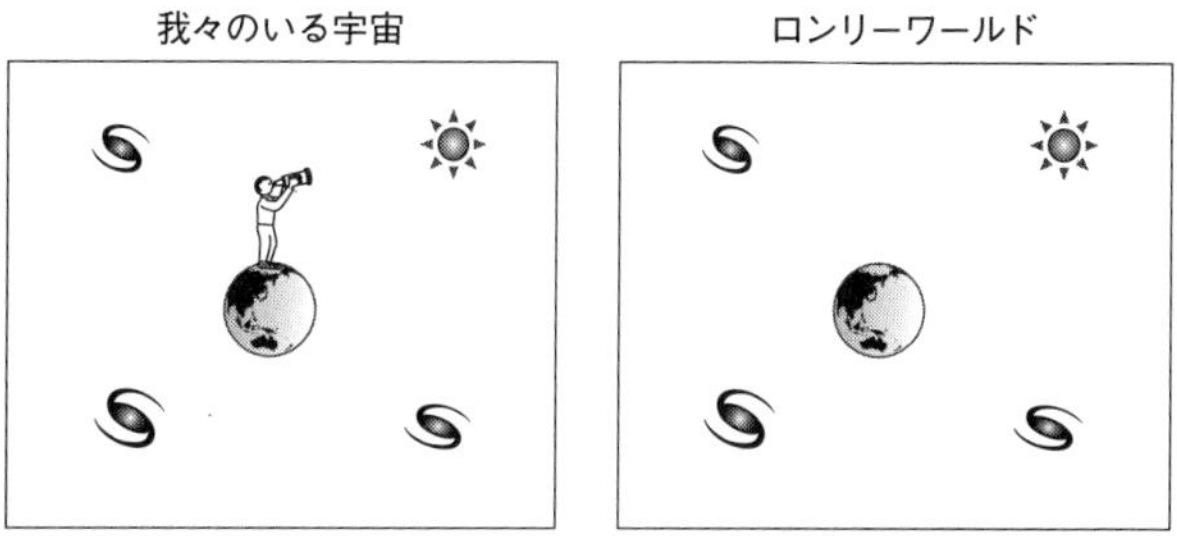

図3-11　ロンリーワールド

在していないとしても、そのロンリーワールドは実在していると認めるべきだと考えるでしょう。そしてその瞬間に、我々が頭の中で想像する概念的な宇宙は、少なくともロンリーワールドとしてあまねく実在するという結論を認めたことになります。

この結論に皆さんが納得してくれるかどうかわかりません。むしろ、その必要はないと思います。本書の読者が、「すべての数学的構造は具体的な宇宙として実在する」などと異口同音に主張するようになったとしたら、この私ですら恐ろしくなってしまいそうです。

私がお伝えしたかったことは、マルチバースという概念を突き詰めればやがて、法則とは何か、数学と宇宙との関係とは何か、科学的検証とは何か、また知性が存在しない宇宙は実在していると言えるのか、などの通常の科学の範囲を逸脱した哲学的問題に向き合わざるを得ないという事実です。それらの問いに正解はないでしょう。しかし、レベル4マルチバースは、そのような「科学的思索の世界」へ我々を誘ってくれるのです。

第4章

不自然な我々の宇宙と微調整

第3章では、我々の宇宙以外に別の世界が存在する様々な可能性を紹介しました。しかし、可能性はあくまで可能性。我々の宇宙だけしかないとして何か困ることはあるのか、との疑問には答えていません。本章では、我々が住んでいるこの宇宙を支配する物理法則がいかに不自然なのか、具体例を挙げて紹介します。この不自然さこそが、我々の宇宙が唯一無二の存在ではないと考えたくなる間接的根拠なのです。

4-1 自然界の4つの力と素粒子の階層

細かい科学的知識の暗記ではなく、「世界は法則にしたがっている」という事実を実感することこそが、高校までに学ぶべきもっとも大切な科学観である、というのが私の持論です。機会があるたび「宇宙そして世界は法則に支配されている」と繰り返しているのはそのためです。そこでまず、自然界の法則とは何かを簡単に説明することから始めましょう。

中学や高校の理科では、人の名前を冠した数多くの法則を学びます。天文ではケプラーの法則、ハッブルの法則、物理ではニュートンの法則、クーロンの法則、フックの法則、フレミングの法則、化学ではドルトンの法則、ボイル－シャルルの法則、生物ではメンデルの法則など、内容を覚えているかどうかは別として、それらの名前だけは聞いた覚えがあるはずです。

しかしこれらは、単なる経験的近似則から、本当に基本的な式に至るまで、レベルが様々です。本書で、私が法則と呼ぶのは、自然界全体を支配する摂理、あるいは基本原理に関わるものに限ります。そして、それらを突き詰めれば、図4－1と表4－1に示す4つの相互作用（あるいは4つの力）に帰着します。

4つの中で一番身近なのは重力です。（ニュートンの逸話の真偽はともかく）リンゴが地面に落ちる、地球が太陽の周りを公転するなどは、お互いに働く万有引力、すなわち重力の結果です。もう一つの電磁気力も、マグネットや方位磁石、さらには静電気などでおなじみでしょう。残る2つの強い力と弱い力は、名前からして曖昧ですし、あまりなじみはないでしょうが、微視的な世界では極めて重要な役割を果たします。

原子は、中心に原子核があり、その周りを取り巻くように電子が分布しています（このイメージはあくまで古典的なもので、量子論的には正確ではありません）。この原子核

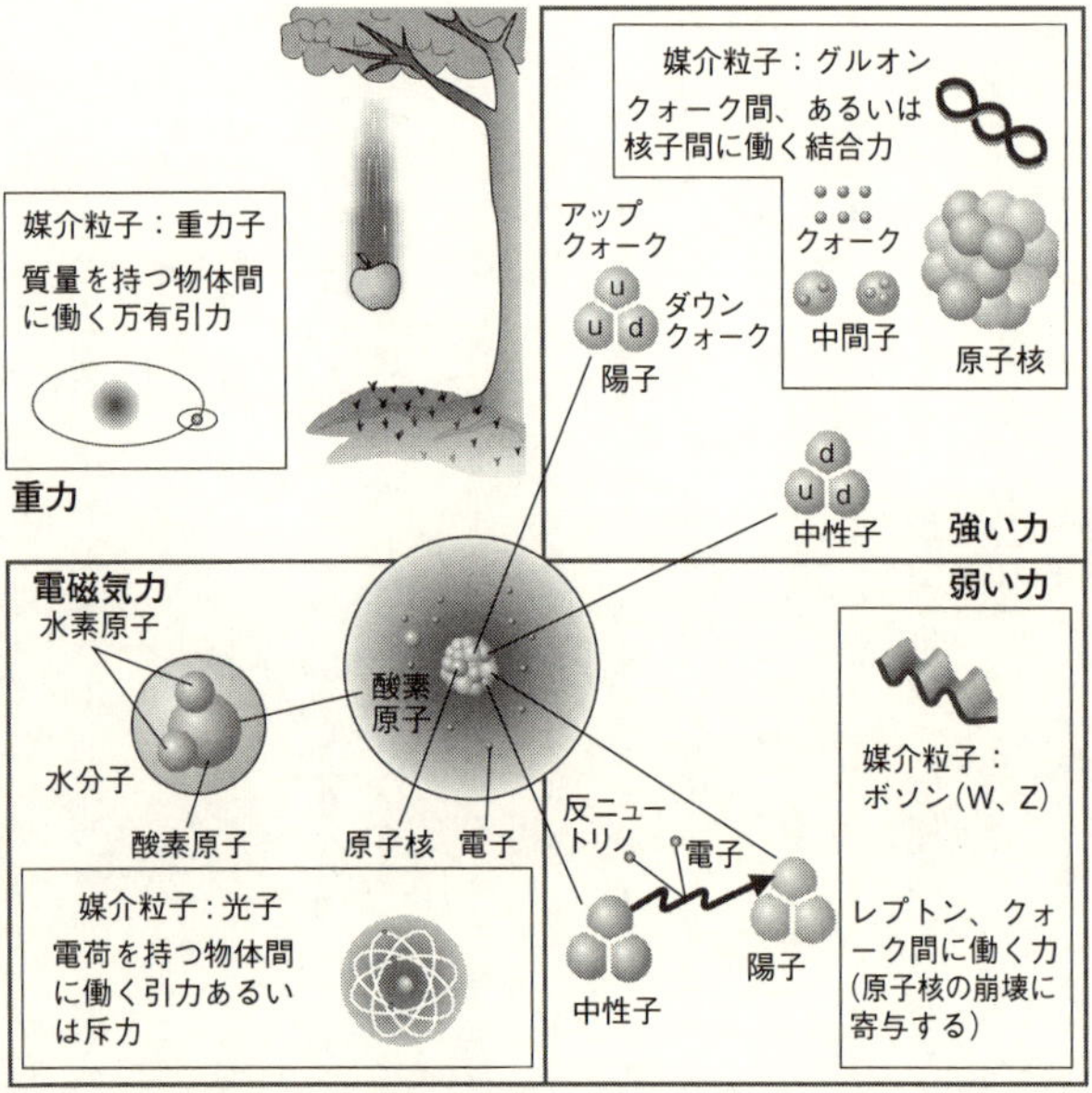

図4-1　自然界の４つの相互作用

は、複数の陽子と中性子からできています。しかし、陽子は正電荷を帯びているので、それらがお互いに近づこうとしても、電気力のために互いに反発してしまい、安定な原子核はできないはずです。

このことは、安定な原子核の存在は、そのような極めて小さいスケールにおいては、陽子あるいは中性子同士が、電気力よりもはるかに強い引力で結びついていることを示唆します。これが強い力です。つまり、強い力は、原子

種類	強さ	力の媒介粒子	到達距離
重力	$\alpha_G=\frac{Gm_p^2}{\hbar c}\approx10^{-38}$	重力子 (質量ゼロ)	無限大 ($\propto1/r^2$)
弱い力	$\alpha_W=\frac{g_W^2}{4\pi}\approx0.04$	W^+, W^-, Zボソン (質量約100GeV)	10^{-18}m
電磁気力	$\alpha_E=\frac{e^2}{\hbar c}\approx\frac{1}{137}$	光子 (質量ゼロ)	無限大 ($\propto1/r^2$)
強い力	$\alpha_S=\frac{g_S^2}{4\pi}\approx1$	グルオン(質量ゼロ), あるいはパイ中間子 (質量約140MeV)	10^{-15}m

表4-1　4つの相互作用の特徴

核の安定性を保証しているのです。

弱い力はもっとわかりにくく、ある粒子を別の粒子に変換する役割をします（そのため、力ではなく相互作用と呼ぶほうが適切な気もします）。例えば、中性子は安定粒子ではなく、半減期約10・3分で陽子と電子および反電子ニュートリノに崩壊します。その崩壊を司るのが弱い力です。

自然界には（少なくとも現在知られている範囲では）この4つの力以外の相互作用は存在しません。またこの4つの力には、それを媒介する粒子がそれぞれ存在します。さらに、すべての物質の基本構成要素である素粒子は、それらが作用する力の種類に応じた階層構造をなしています。

図4－1にまとめてあるように、強い力はクォークに、弱い力はクォークとレプトンに働き、それらを媒介するのが、それぞれグルオンとウィークボソン（正電荷と負電荷のWボソン、中性のZボソンの3種類）です。電磁気力は電荷を持つすべての粒子に働きますが、それを媒介するのは電荷を持たない光子です。最後に、重力は質量を持つすべての粒子に働きます。それを媒介する粒子が重力子ですが、これは直接検出されているわけではありません（重力を量子論で記述するときに現れる粒子ですので、最終的には量子重力理論から導かれる粒子です）。このように、物理法則である4つの相互作用と、素粒子の階層とは不可分と言えるほど密接な対応関係があります。

4－2　4つの力の強さの比較

これら4つの力はその性質だけではなく、「強さ」もずいぶん異なっています。例えば、重力と電磁気力の場合、距離 r だけ離れた2つの陽子間に働く力は、それぞれ $Gm_p{}^2/r^2$ と e^2/r^2 になります（ここで、G はニュートンの重力定数、m_p は陽子の質量、e は単位電荷です)。この場合、$Gm_p{}^2$とe^2が重力と電磁気力の強さを特徴づける定数ということになります。

しかし、これらは次元（これは空間が３次元である、という場合の次元とは異なる意味で、物理学では質量、長さ、時間とそれらを組み合わせてできる単位のことを指す言葉です）を持った値なので、その数字だけを取り出して大きいのか小さいのか議論することはできません。例えば、１メートルという長さは、メートルという長さの単位を用いるとその数値は１ですが、太陽と地球の間の距離である天文単位を用いれば、約10のマイナス11乗天文単位となるので、その数値は11桁も小さくなってしまいます。

ところで、物理定数である重力定数G、プランク定数$\hbar$と光速cを組み合わせると任意の次元を持つ量を書き下すことができます。これが４－３節で紹介するプランクスケールで、我々の自然界に刻み込まれた特徴的な次元量であると考えられています。同じく今の場合、$\hbar c$が$Gm_p{}^2$およびe^2と同じ次元となるので、それらの比を取れば次元のない量（無次元量）が得られます。無次元量はどのような単位系を用いるかに依存しないので、その数値の大きさが絶対的な意味を持つことになります。表４－１は、このように定義された「力の強さ」をまとめています。電磁相互作用の強さを表すα_Eは、微細構造定数と呼ばれており、通常は添字をつけずにαと書かれます。ただし、本章では4つの力の強さを区別するために、異なる添字を用いてそれらを明示的に区別しています。

ここで重要なのは、4つの力の強さが、全く違っていることです。微細構造定数は約0・01（むしろ$\alpha_E \approx 1/137$という近似式のほうが有名です）であるのに対して、強い力は$\alpha_S \approx 1$、弱い力は$\alpha_W \approx 0.04$です。そもそも力の性質が違うのだから、この程度の違いはあまり気になりません。ところが、重力は$\alpha_G \approx 10$のマイナス38乗というまさに桁違いの小ささなのです。これはさすがに不自然に思えます（表4－1）。

どうして重力だけがこれほど極端に弱いのか。その理由はわかっていません。さらに、自然界の力はなぜ3種類や5種類ではなく4種類なのか、という疑問も残っています。究極的には、自然界の力は1種類しかない、と言ってもらわなければ満足できそうにありません。それこそが素粒子理論物理学が目指しているゴールであり、一見異なるように見える4つの力を1つの力のモデルに帰着させて説明することを力の統一と呼びます。

実際、電磁気力と弱い力の統一理論は完成しており、実験的にも検証されています（提案者名の名前からワインバーグ－サラム理論、あるいは電弱統一理論と呼ばれています）。さらに、強い力まで含めた統一理論も提案されていますが、これは実験的検証には

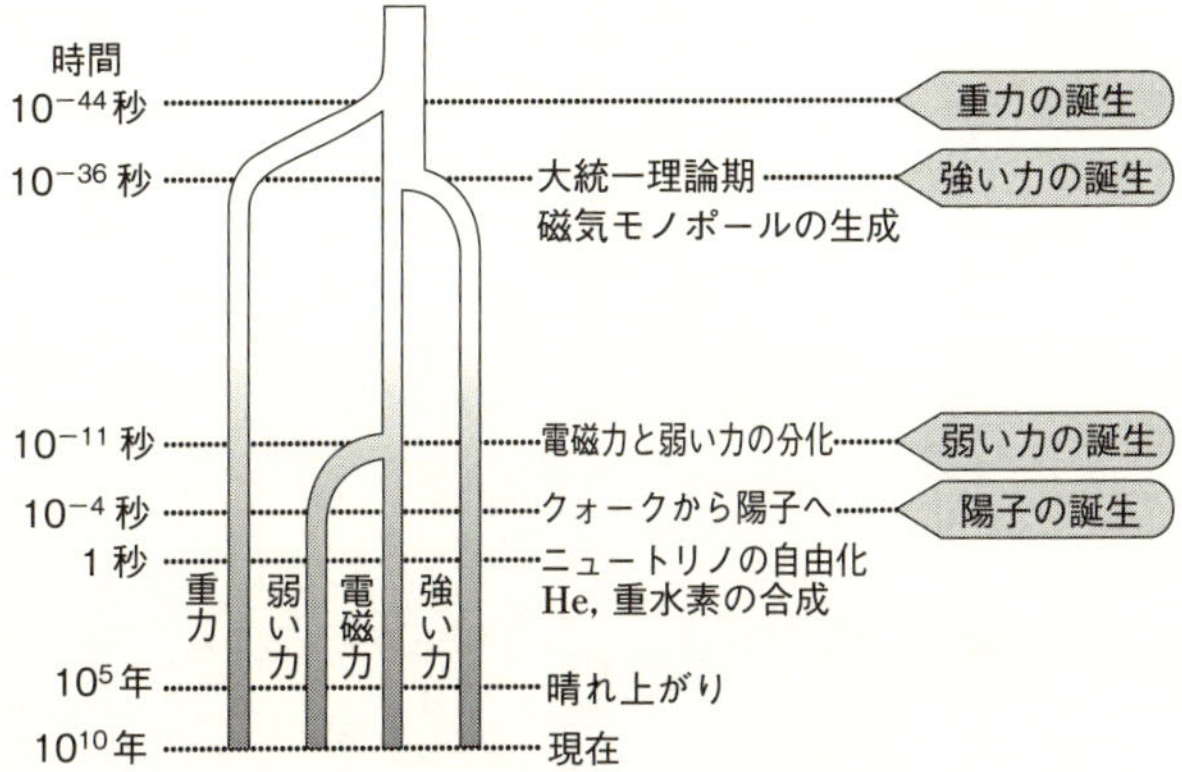

図4-2　宇宙の進化と力の分化

成功していません（英語のGrand Unified Theoriesの頭文字をとってGUTsと呼ばれています。複数形なのはまだ一意的に確定したわけではなく、様々な理論モデルの可能性があることを示しています。日本語では、大統一理論と訳されています）。

もちろん、その先には、重力を含めた4つの力をすべて統一する大目標が控えています。ところが、重力が他の3つの力に比べてあまりにも弱すぎるため、理論的にも大きな困難があり、統一には未だ成功していません。その未完の理論は、量子重力理論と呼ばれ、その有力な候補の一つが超弦理論です。もう少し人々にアピールするキャッチフレーズとして、究極理論、あるいは万物理論（Theory of Everything）が用いられることもあります。といっても、これらは、物理学者でも専門分野が異なるとほとんど理解できないほど難解な理論です。もちろん私にはチンプンカンプンですので、詳しく知りたい方は、ぜひ『大栗先生の超弦理論入門』（講談社ブルーバックス）をお読みください。

この力の統一は、エネルギーが高い状況（ごく初期の高温高密度の時期の宇宙）で実現されており、宇宙が膨張してより温度が下がるにつれ、徐々に4つの異なる力に分化するものと考えられています。このように、力の統一とは単なる理論的考察ではなく、この宇宙のなかで本当に起こった出来事なのです。それをわかりやすく示したのが図4－2です。このように、力の分化は宇宙の歴史において実現し、現在の宇宙を支配する法則として刻印されているわけです。

4－3 プランクスケール

ここまでは、宇宙の法則とそれを特徴づける重要な無次元数として、力の強さを取り上

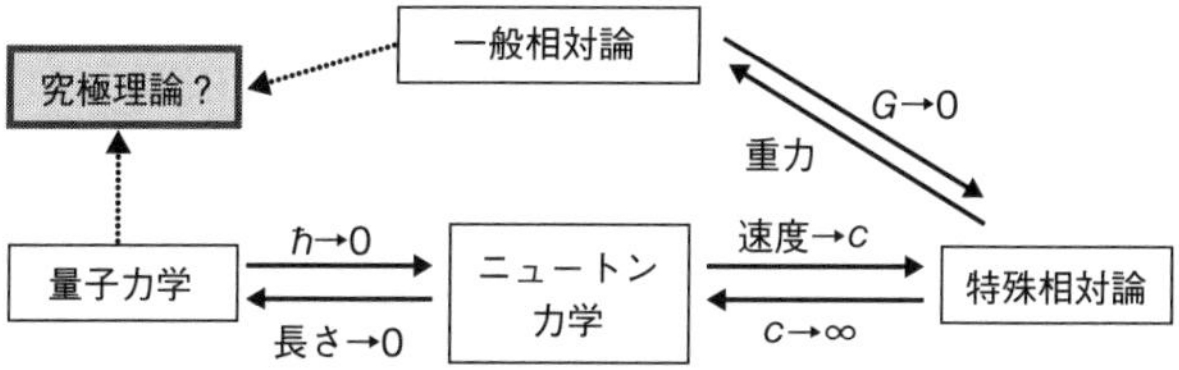

図4-3　３つの基礎物理定数$G, c, \hbar$と物理学理論体系の関係

げて説明してきました。しかし、物理法則にはそれ以外にも多くの基礎物理定数が登場します。ある意味では、それらがこの宇宙を特徴づけ、さらにその中に存在する物質構造のスケールを決めています。なかでも重要なのは、ニュートンの重力定数G、光速度c、そしてプランク定数$\hbar$の３つです。

Gは重力の強さを特徴づける定数です。すべてのものは光の速度を超えて伝わることはできないという因果関係の限界を規定するのがcです。また、微視的な世界を記述する量子力学で頻出するのが$\hbar$で、例えば原子内の電子の角運動量は連続的な値をとることはできず、$\hbar$の整数倍の値しかとれません。その意味において、$\hbar$は微視的な世界の基本的な単位を表しています。

図４－３に示すように、これらの定数の値は物理学の理論の相互関係をも規定しています。３－４－２節で、量子力学における不確定性関係、すなわち、（微視的）粒子の位置と運動量は無限の精度では同時に決定できないことを述べました。$\hbar$の値がその

原理的な精度を決めており、$\hbar \to 0$の極限では、この不確定性はなくなります。これは、量子力学で$\hbar \to 0$の極限をとると、決定論として巨視的世界を記述するニュートン力学に帰着することを示唆します。

同様に、重力の強さはGに比例しますから、一般相対論で$G \to 0$の極限をとれば重力を考慮しない特殊相対論となります。さらに特殊相対論で光速度を無限大とする極限を考えれば、光が瞬時に伝わるとするニュートン力学に帰着します。図4－3に示されているように一般相対論と量子力学を統一するのが未完の究極理論（量子重力、万物理論）ですが、それが量子力学および一般相対論に対して、どのように位置づけられるのかはまだわかっていません。

ところでこれら3つの定数の次元を、長さ、質量、時間の3つの次元の組み合わせで表すと、

Gの次元＝[長さ]^{3}[質量]$^{-1}$[時間]$^{-2}$

cの次元＝[長さ][時間]$^{-1}$

$\hbar$の次元＝[長さ]^{2}[質量][時間]$^{-1}$

● プランク長さ　$\ell_{pl}=\sqrt{\frac{\hbar G}{c^3}}=2\times10^{-33}\mathrm{cm}$

● プランク質量　$m_{pl}=\sqrt{\frac{\hbar c}{G}}=2\times10^{-5}\mathrm{g}$

● プランク時間　$t_{pl}=\sqrt{\frac{\hbar G}{c^5}}=5\times10^{-44}$秒

図4-4　プランクスケール

となります。

逆にこの関係を用いると、長さ、質量、時間の次元を持つ組み合わせを作ることができます。これらは、最初に導いたドイツの物理学者マックス・プランクの名前を冠して、プランクスケールと総称されています。

その結果を図４－４にまとめました。10のマイナス33乗センチメートル、10のマイナス５乗グラム、10のマイナス44乗秒というこれらの数値は、この自然界を特徴づける基礎物理定数から構成されている以上、重要な物理的意味を持つはずです。

実際、これらのスケールは既知の物理法則の適用限界に対応するものと解釈されています。例えば、プランク時間より短い時間間隔での運動、あるいはそれ以前の宇宙の過去、プランク長さよりも小さい極微の世界での振る舞い、プランク温度（プランク質量にc^2をかけたものがプランクエネルギーで、それをボルツマン定数で割って温度に換算したもの。約10の32乗ケルビン）よりも高温の現象などは、我々が知っている現在の物理学ではうまく記述できないというわけです。図4－2では、宇宙誕生後10のマイナス44乗秒で重力が他の力から分化するものと予想していますが、これがプランク時間です。

さらに大胆に、我々の時空は連続的ではなく、プランク時間やプランク長さを単位として離散化されているのではないか、と考える人たちもいます。デジタルカメラで撮影した画像も、画素数が多ければ、我々の目には滑らかにしか見えません。このように、仮に時空間がデジタル化していたとしても、その最小単位が十分小さければ、実質的にはアナログ的な連続分布と区別できないはずです。これらは第3章で説明した可算無限と連続無限の違いとも関係する、時空の本質に関わる根源的な問題です。

4－4 自然界のものの大きさ

プランクスケールは日常とはかけ離れた極微の世界ですが、もっと現実的な世界のスケールを考えてみましょう。例えば人間の大きさは1メートルです（以下では、数値の桁だ

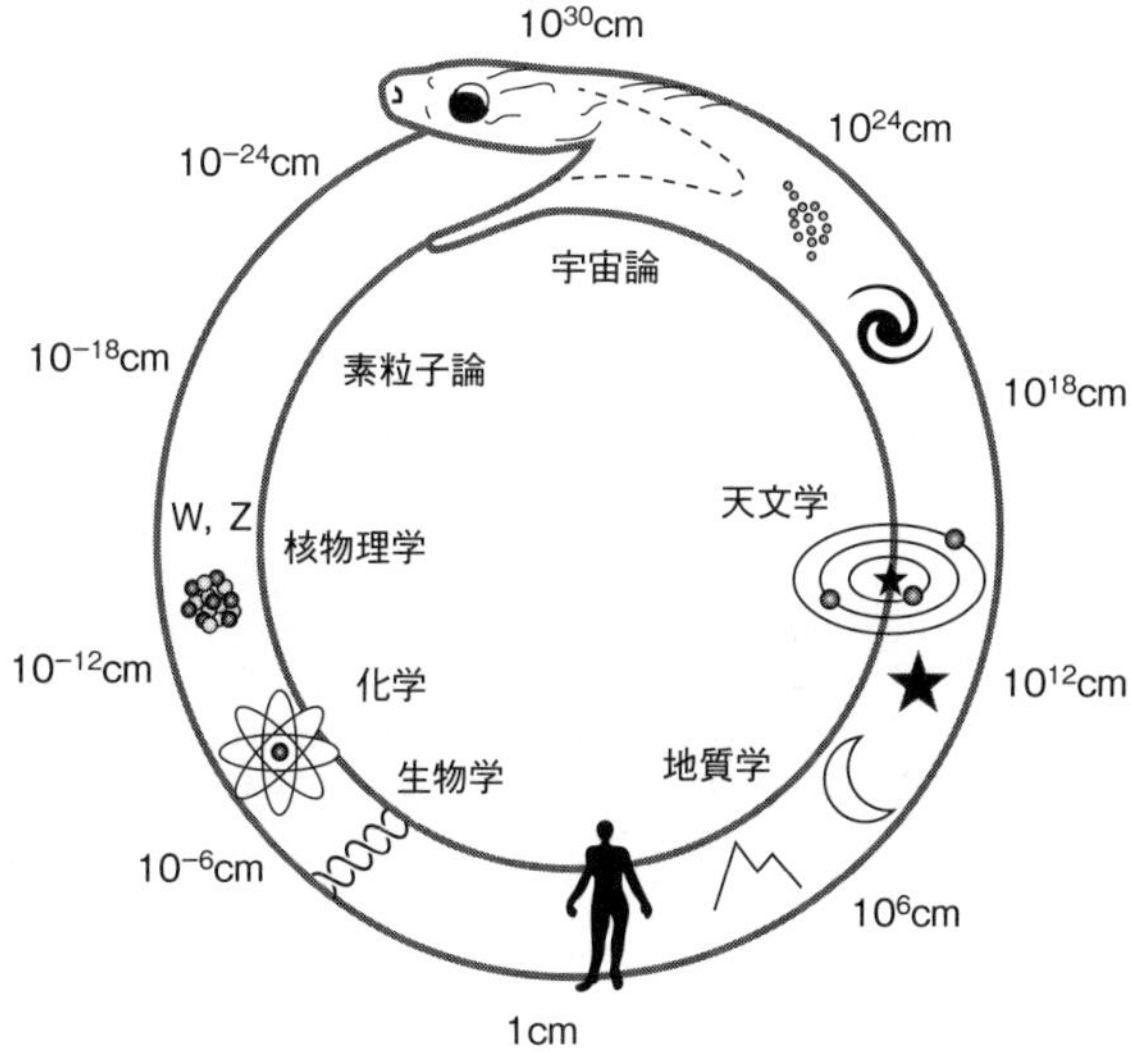

図4-5　自然界のものの大きさ

けを問題とし、数倍程度の違いは無視します）。動物の中では、これは比較的大きい部類であり、数で言えば1センチメートル程度の昆虫が支配的でしょう。これを生物学が対象とする典型的な大きさとして、図４－５にそって説明します。

そこから6桁下は分子の大きさで、主として化学の研究対象です。さらに6桁下は原子核の大きさ、そしてさらにその6桁から12桁下が素粒子物理学の取り扱うスケールです。最後にその6桁下は、10のマイナス30乗センチメートルで、ほぼプランク長さに到達します。誕生直後の宇宙を理解するためには、このような極微の世界を記述できる物理学が必要です。

逆に生物の大きさから6桁上は10キロメートルで、地球の海洋の深さ、あるいは山の高さに対応します。その6桁上の1000万キロメートルは、太陽の大きさの10倍、あるいは地球と太陽の距離の10分の1ですから、太陽系のスケールとなります。さらにその6桁上は銀河系内での星同士の平均間隔（1パーセク＝3×10の18乗センチメートル）、12桁上は宇宙の銀河同士の平均間隔（1メガパーセク）に対応しますから、天文学の領域です。現在の宇宙の地平線球の半径は10の28乗センチメートル程度ですから、10の30乗センチメートルは観測できる最大スケールだと考えてよいでしょう。

このように、1センチメートルの生物を中心として、30桁大きい巨視的世界と30桁小さい微視的世界を考えると、いずれも宇宙に行き当たります。この事実を見事に表現した有名な図が自分の尻尾をくわえたウロボロス（図4－5）で、ノーベル賞を受賞した理論素粒子物理学者であるシェルダン・グラショーが初めて用いたとされています。

では、これらの自然界のスケールがそれらの数値を選ぶ特別な理由はあるのでしょうか。言い換えれば、素粒子を何個集めれば、安定な階層としての原子・分子、生物、天

$$\frac{\text{惑星の質量}}{\text{陽子の質量}} = \left(\frac{\alpha_E}{\alpha_G}\right)^{3/2} \approx 10^{54}$$

$$\frac{\text{恒星の質量}}{\text{陽子の質量}} = \left(\frac{\text{陽子の質量}}{\text{電子の質量}}\right)^{3/4} \left(\frac{\alpha_E}{\alpha_G}\right)^{3/2} \approx 10^{57}$$

$$\frac{\text{銀河の質量}}{\text{陽子の質量}} = \alpha_E^{\ 3} \left(\frac{\text{陽子の質量}}{\text{電子の質量}}\right)^{1/2} \left(\frac{\alpha_E}{\alpha_G}\right)^{2} \approx 10^{67}$$

$$\frac{\text{銀河の質量}}{\text{恒星の質量}} = \alpha_E^{\ 3} \left(\frac{\text{陽子の質量}}{\text{電子の質量}}\right)^{-1/4} \left(\frac{\alpha_E}{\alpha_G}\right)^{1/2} \approx 10^{10}$$

$$\frac{\text{恒星の質量}}{\text{惑星の質量}} = \left(\frac{\text{陽子の質量}}{\text{電子の質量}}\right)^{3/4} \approx 10^{3}$$

図4-6　微視的素粒子と巨視的天体のスケールの比

体、さらに宇宙ができるのか、という疑問です。より一般化すれば、微視的世界（素粒子）と巨視的世界（宇宙）は独立な存在なのか、それとも法則によって関係づいているのか、という問いに帰着します。残念ながら現在の物理学では、生物の基本原理は解明できていませんから、ここでは天体を例として考えてみます。

惑星とは、原子がその重力によって支えられている天体です。ただし、核融合を起こすほどの密度には達していません。近似的にこの条件は、その天体の重力エネルギーが、それを構成する全原子の電磁気エネルギーの総和を上回ってはならない、と言い換えられます。具体的に計算すると、その条件から導かれる惑星の質量の上限値は、陽子の質量の $(\alpha_E/\alpha_G)^{3/2}$ 倍となることがわかります。つまり、巨視的天体の質量が電磁気力と重力の強さの比で書き表されるのです。この比の値は10の54乗となり、これに陽子の質量である10のマイナス24乗グラムをかければ10の30乗グラムとなります。木星の質量は1・9×10の30乗グラムですから、驚くべき一致を示しているのです（詳しい計算は、付録を参照してください）。

同様に、恒星とは重力が電磁気力を上回り原子が核融合を起こすほどの高密度になる天体であると解釈して、その条件を求めると、恒星の質量と陽子の質量の比が得られます。さらに、この種の考察は銀河にも適用できます。それらの結果をまとめたのが図4－6です。この考察によれば、物理法則を特徴づける基礎物理定数の値が与えられれば、天体のスケールが決まってしまうことになります。つまり、巨視的物体である天体もまた、微視的な物理法則に支配されているのです。

もし生物の誕生と存在の条件を物理学で記述できるようになれば、この天体の例と同じく、生物の特徴的スケールを物理定数で書き下すことができるようになるかもしれません。それがいつのことになるかは別として、多くの物理学者は、生物現象も原理的には完全に物理法則で記述し尽くせるはずだと信じています。

4-5 力の強さの比と階層の安定性

図4-6に示されている結果はそれだけで十分驚くべき、あるいは鑑賞に堪える事実だと思います。宇宙に存在する天体階層が物理法則にしたがっていることをまざまざと実感させてくれます。しかし、それはさらに興味深い示唆も含んでいます。

例えば、陽子の質量と惑星・恒星の質量が60桁も違う理由は、重力と電磁気力の強さが40桁近く違う事実に帰着できるようです。重力と電磁気力の強さがこれだけ違うことは「不自然」だと繰り返し強調してきました。では、逆に両者がほぼ同程度の強さを持つ我々とは別の物理法則に支配されている「自然」な宇宙を想像してみましょう。

この場合極端なことを言えば、原子が10個程度集まるだけで、重力によって引き寄せられ、核融合反応を起こし得るほどの高密度が実現されるかもしれません。とすれば、原子を構成要素とする物質は安定ではいられません。原子同士がばらばらに離れてほとんど相互作用しない気体のような低密度の状態のみが、安定だと考えられます。そのような宇宙では、天体はおろか、ごく簡単な分子構造すら安定ではないでしょう。したがって、当然、生物のような複雑な構造は形成できそうにありません。

このように、力の強さがほぼ等しい、あるいは力が1種類しかないような「自然な」物理法則に支配されている宇宙では、複雑な物質構造、ましてや生物などは存在し得ないでしょう。逆に言えば、複数の異なる力があり、かつそれらの強さが不自然なほど違っている場合のみ、それらのバランスを通じて安定な微視的階層構造が存在し、それをもとにより複雑な巨視的物質構造を原材料とした生命が誕生できるのだと予想されます。

このように考えると、宇宙と人間との関係は極めて逆説的であることがわかります。自然な物理法則に支配されている宇宙では複雑で安定な構造はできず、人間は存在しません。したがって、「ああこの宇宙はとても自然な法則に支配されているなあ」と安心してくれる知性はいないのです。ところが、不自然な物理法則に支配されている宇宙に限って、知性が生まれ、そこでは常に「なぜこの宇宙はこれほど不自然な法則に支配されているのだろう」と悩まされてしまうのです。つまり、知的存在は自己の存在を可能とした宇宙の不自然さに悩む宿命を背負っているというわけです。

4-6 物理定数の間の絶妙なバランス

そもそも、基礎物理定数の値は、物理法則の枠内で一意的に決まるものではなく、それとは独立な自由度となっています（ただし、究極理論が完成した時点では、それらはさらに少数の自由度で、あるいは一意的に導かれるようになるかもしれませんが）。にもかかわらず、重力と電磁気力の強さの比に代表されるように、驚かされるほど絶妙な値に「選ばれている」物理量があることも知られています。以下、よく知られたいくつかの例を紹介してみます。

4-6-1 炭素の起源とトリプルアルファ反応

地球上のすべての生物は、炭素を主成分とする有機化合物からなっています。有機化合物には無機化合物の約50倍以上もの種類が存在することが知られていますが、それは4方向にのびる結合手を持ち立体構造を構築できるという炭素原子の特徴のおかげです。これに対して、窒素原子の結合手は3本、酸素原子は2本であり、それぞれ主に平面構造あるいは直線構造しか作れません。さらに炭素化合物は大きな結合エネルギーを持つことが多いため、安定な構造を形成できます。複雑な生物組織に必要な莫大な種類の化合物や構成要素を生み出すためには、このような炭素の特徴が不可欠であるとも言えます。

すでに第1章で説明したように、現在の宇宙を満たす元素は、138億年前の宇宙と、それから約10億年経過後に誕生し始めた星の内部の、2つの異なる経路で合成されました。周期表からもわかるように、水素（質量数1）とヘリウム（質量数4）の次は、リチウム（質量数7）、ベリリウム（質量数9）と続きますから、質量数5と8を持つ安定元素は存在しません。したがって、水素とヘリウムが反応して質量数5の元素を作ることも、ヘリウムとヘリウムが反応して質量数8の元素を作ることもできません。これがビッグバン元素合成では、ヘリウムよりも重い元素を合成できない理由でした。

太陽の中心部の核子（陽子と中性子）の個数密度は1立方センチメートルあたり10の26乗個、温度は約1500万度です。これに対して、ビッグバン元素合成が起こる誕生3分後の宇宙では、核子の個数密度が1立方センチメートルあたり10の21乗個、温度は10億度

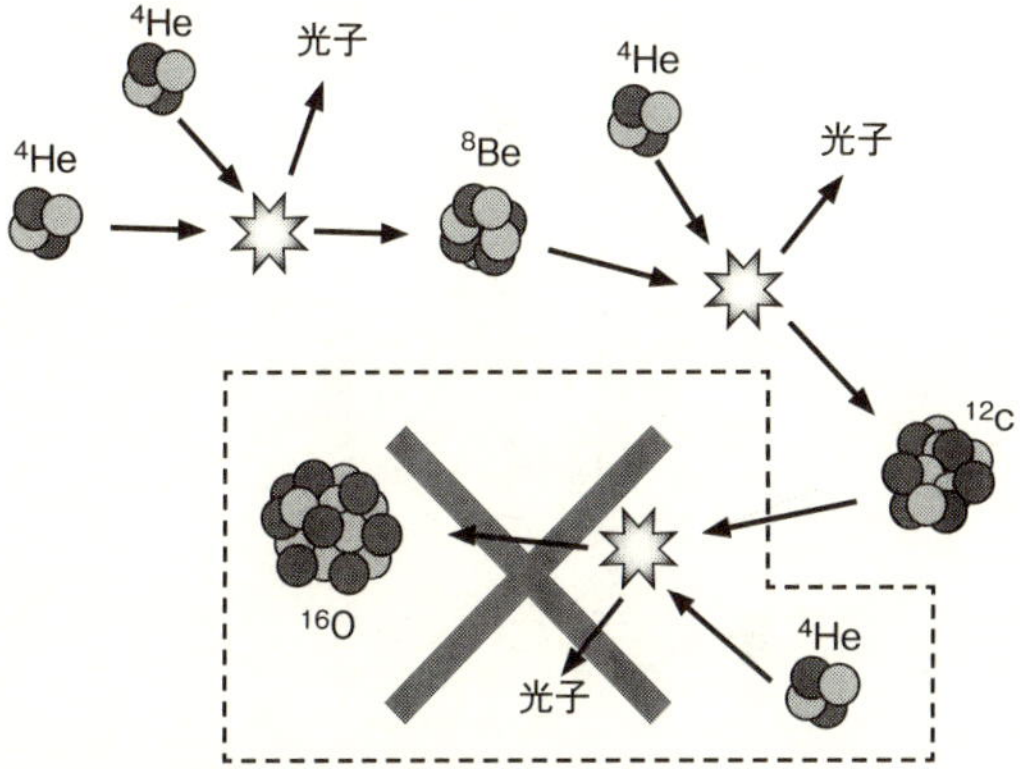

図4-7　トリプルアルファ反応

程度です。このように星の内部は、ビッグバンの際の宇宙よりもずっと密度の高い状態なので、原子核同士の衝突がより頻繁に起こります。したがって、まず2つのヘリウムが衝突して、質量数8（陽子4個、中性子4個の原子核）の不安定なベリリウム8が合成され、それが崩壊する前にさらにもう1つのヘリウムが衝突することで炭素が合成される可能性が思いつきます。しかしその不安定なベリリウム8の寿命はわずか10のマイナス16乗秒程度しかないので、それが崩壊する前のわずかな時間でヘリウムと衝突し反応することが必要です。これは実質的に3つのヘリウム（アルファ粒子）が同時に衝突する反応とみなせるので、トリプルアルファ反応と呼ばれています（図4－7）。

現在では、ベリリウム8とヘリウムが衝突すると、炭素の共鳴状態と呼ばれる準安定な状態を形成することが可能で、この共鳴状態の炭素は、光を放出してすぐに安定な炭素になることがわかっています。これが、星の内部での炭素合成反応であるトリプルアルファ反応の基礎経路です。

しかし、1950年頃には、炭素にこの共鳴状態が存在することは知られていませんでした。英国の天文学者で、ビッグバンモデルの天敵（であると同時にその名付け親）でもあったフレッド・ホイルは、宇宙の生命が大量の炭素を必要としている以上、炭素の合成を可能とするトリプルアルファ反応が必ず起こっているはずだと考えました。このホイルの助言を受けて行われた実験によって、ほぼ彼が予言した通りのエネルギーを持つ炭素の共鳴状態が確認されたのです。

ところで、このように合成された安定な炭素も、さらにヘリウムと衝突して酸素が合成されてしまうと、結局すべて酸素になりかねません。ところが、炭素とヘリウムが衝突すると、酸素よりもほんの少しだけ大きなエネルギーを持つ状態しか実現できず酸素はほとんど合成されません。そのような微妙な条件の結果、トリプルアルファ反応によって合成された炭素は、ほぼそのまま残るのです（図4－8）。

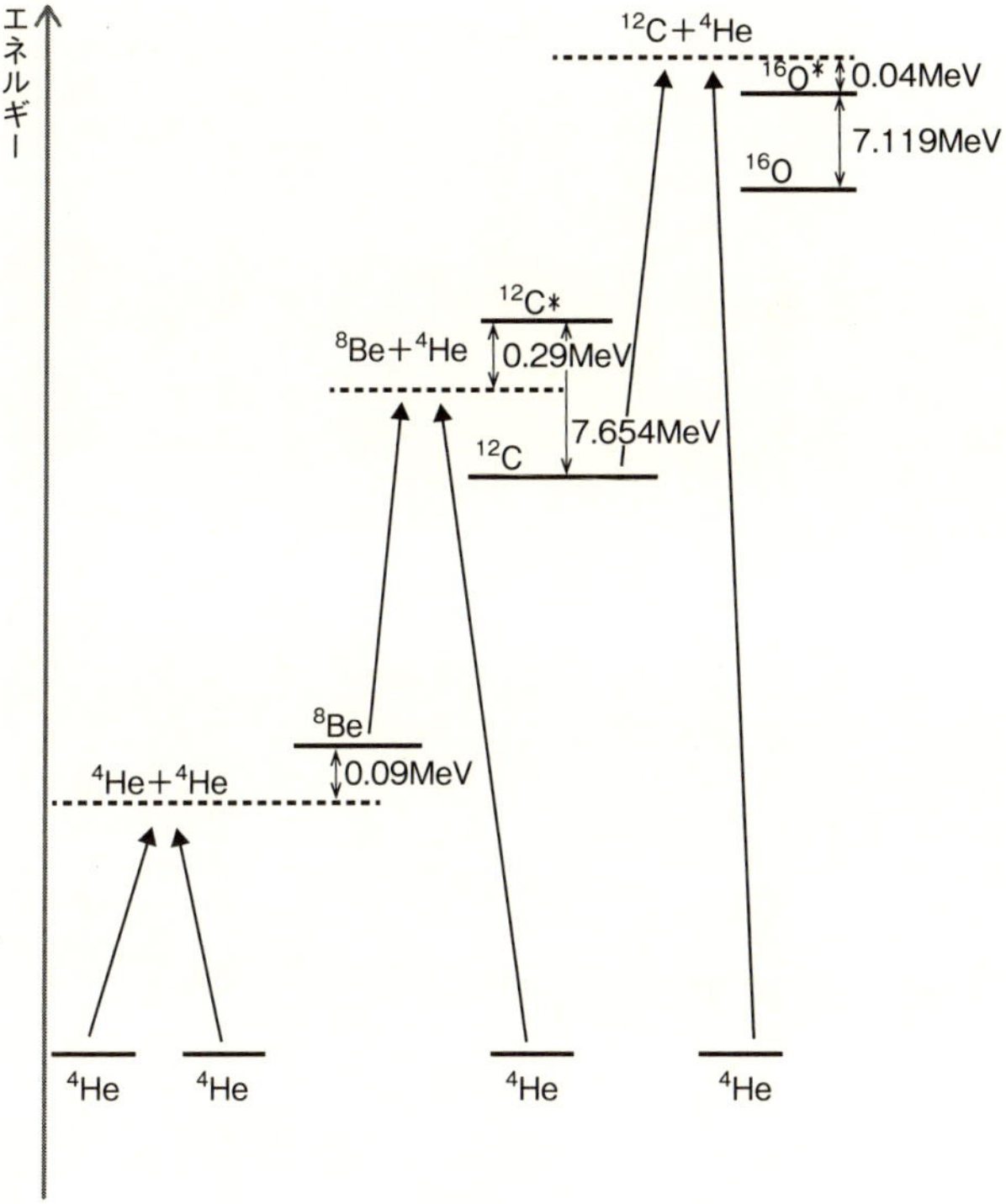

図4-8　トリプルアルファ反応の経路

これらの反応経路の詳細は、原子核の性質、つまり物理法則によって決まっているわけですが、それらがなぜ図4－8が示すような絶妙な条件を満たしているのかは、誰にもわかりません。その意味では偶然です。しかしそのような偶然がなければ、この宇宙には生命の材料となる炭素が合成されなかったはずです。理由は別として、我々が住むこの宇宙を支配する物理法則には、そのような信じがたいバランスあるいは微調整が成り立っているのです。

4－6－2 宇宙定数の値

もう一つ有名な微調整の例は、「宇宙定数」の値です。現在の宇宙は膨張しているだけでなく、その膨張が加速していることまでもが観測的に明らかになっています。宇宙の加速膨張の原因はまだ解明されていませんが、広く認められているのはアインシュタインが提案した宇宙定数です。まず、この宇宙定数について説明しておきましょう。

一般相対論にしたがえば、宇宙は時間変化することになり、無限の過去から無限の未来までずっと同じ状態にいる静的宇宙はありえません。これに悩んだアインシュタインは、

● もともとのアインシュタイン方程式

$$時空＝物質分布 \quad \Rightarrow \quad G_{\mu\nu}=\frac{8\pi G}{c^4}T_{\mu\nu} \qquad (1)$$

● 宇宙項を追加したアインシュタイン方程式

$$時空＋宇宙項＝物質分布 \quad \Rightarrow \quad G_{\mu\nu}+\Lambda g_{\mu\nu}=\frac{8\pi G}{c^4}T_{\mu\nu} \qquad (2)$$

$G_{\mu\nu}$は時空のアインシュタインテンソル、$T_{\mu\nu}$は物質のエネルギー・運動量テンソル、$g_{\mu\nu}$は時空の計量テンソルで、Λが宇宙定数である。

図4-9　アインシュタイン方程式

時間変化しない宇宙が実現できるように、自ら一般相対論の基礎方程式（今ではアインシュタイン方程式と呼ばれています）を修正し、余分な項を１つ付け加える決心をしました。

図４－９に示したもともとのアインシュタイン方程式は、時空間の幾何学的性質を表す左辺（アインシュタインテンソル）と、時空間に存在する物質分布を表す右辺（エネルギー運動量テンソル）から成り立っています。それらの具体的な表式は複雑なので省きますが、物理的には（時空）＝（物質）という思想を反映した方程式なのです。

さて、具体的に図４－９の（１）式を解いてみると、宇宙の時空として時間変化する解しか許されないのです。そこで、アインシュタインは、その基礎方程式を（２）式のように変更することを思いつきました。付け加えられた項に登場する定数Λ《ラムダ》が宇宙定数です。

この定数の値をうまく選ぶと、時間変化しない静的宇宙を実現できます。しかしその解は安定ではありません。手のひらの上に立たせたペンがすぐに倒れてしまうように、ほんのちょっとしたきっかけで、釣り合いが破れすぐさま時間変化する解に移行してしまうのです。さらに、1929年にハッブルの法則が発表され、実際に宇宙が膨張していることを認めたアインシュタインは、1931年に、この宇宙定数の導入を撤回しました。

ところがこの話にはどんでん返しが待っていたのです。1980年代末頃から、精密な宇宙の観測データを矛盾なく説明するためには、Λが0ではないごく小さな値をとることが必要だと認識されるようになりました。特に1998年に発表された宇宙の加速膨張を示す観測データは、この宇宙定数の存在を強く示唆する証拠だと考えられています。

宇宙定数の正体は不明です。ただ有力な候補は、物質をすべて取り除いたあとに残るはずの「真空」に付随するエネルギーです。真空がゼロでないエネルギーを持つこと自体は理論的には必ずしも不思議ではありません。ただしその値は、プランクスケールに対応するプランク密度（プランク質量をプランク長さの3乗で割ったもの）程度だと予想されます。そして、その理論的予想値は、観測されている加速膨張を説明するために必要な値の、なんと10の１２０乗倍にもなるのです。この絶望的な状況を指して、物理学史上最悪の理論と観測との不一致と呼ぶ人さえいるほどです。

仮に真空のエネルギーが現在の加速膨張の原因だとすれば、その理論予言値を10の１２０乗分の１にするような理屈が必要です。この値は、限りなくゼロに近いものの、ゼロではありません。ゼロにするような理論モデルを提案するほうがずっと簡単で、ゼロではないけれどこれほど小さい値にするという微調整を実現する自然な理論を思いつくほうがはるかに困難です。

さらに、宇宙定数の値を少し変えただけで、宇宙の歴史は決して無視できないほど大きな影響を受けます。特に、宇宙定数の値が現在の観測値の数倍を超えてしまうと、宇宙があまりに急激な加速膨張を行い、天体が誕生できないほどの低密度になってしまうと予想されます。当然、そのような宇宙に人間が存在する可能性は文字通りゼロでしょう。このように、宇宙定数の値もまた、微調整された条件を満たす必要があるのです。

4-6-3 力の強さと生命誕生の条件

ここまでに紹介した例以外にも、物理法則や物理定数の値の間に絶妙なバランス、あるいは微調整が存在しています。そのようなバランスが成り立っていない宇宙には、安定な物質階層と天体、したがって知的生命が存在できず、3-5-4節で考えたロンリーワールドとなってしまいます。

例えば、強い力がもう少し強くなると、この宇宙には存在しない「中性子がなく、陽子2個だけからなるヘリウム」が存在し得ます。その場合、ビッグバン元素合成の時点で、ほぼすべての水素がこの安定なヘリウムになってしまい、水素がなくなってしまいます。その後の星の内部の元素合成ではさらに重元素が増えるだけですから、水素のない宇宙となります。これとは逆に、強い力がもう少し弱ければ、ヘリウム、したがって炭素や水素が合成されず、ほぼ水素しかない宇宙になってしまいます。いずれの場合も、酸素と水素からなる水分子は存在しません。そのような宇宙では、複雑な高分子からなる生命は誕生できないでしょう。

弱い力がもう少し強ければ、中性子が陽子に変換するベータ崩壊が起こりやすくなります。その結果、ほとんどの中性子が速やかに陽子になってしまいます。重元素の原子核は、陽子と中性子がほぼ半数ずつから構成されています。したがって、中性子のない世界では安定な原子核を作ることが困難です。これは、電磁気力が強い宇宙を考えても同じで、原子核内の陽子間に働く電気的反発力が強くなるために、原子核が壊れやすくなります。いずれの場合も、安定な重元素は存在できないでしょう。

一方で、電磁気力が弱い宇宙では、化学結合力が弱くなるために、分子の安定性が失われます。したがって、それらから構成される物質は存在できません。

重力が強い宇宙では、星の内部がより高密度になり、そこでの核融合反応が活発になります。その結果、星の寿命が短くなり、その周りの惑星系で生命が誕生する前に、あるいは原始的生命から知的生命へと進化する以前に、燃え尽きてしまう可能性が高まります。つまり、長時間かけて進化する生命（人間）を宿す可能性が格段に下がります。

このように、現在の宇宙の物理法則や物理定数のどれかを少し変更しただけで、たちまち世界の安定性が崩れてしまうのです。当然、人間も存在できなくなるでしょう。逆に言えば、人間が存在できるような組み合わせは限られていて、何らかの微調整が必要となります。そのような微調整を保証する機構がない限り、我々の宇宙は「たまたま」不自然なほどうまくできていると言うしかありません。

4-7 微調整か未知の物理学か

本章では繰り返し微調整という言葉が登場しました。この微調整は、物理学者には受け入れがたい現象です。本当は何らかの必然的理由があるにもかかわらず、それを見つけることができず、偶然とみなすしかない不快感を禁じ得ないからでしょう。未だ知られていない新たな物理学・物理法則を解明してその微調整を駆逐したいという気持ちも理解できます。

例えば、テーブル上に置かれたボールが、なぜか常にテーブルの中心にあることが観察されたとします。普通に考えれば、これは偶然です。それをたまたま中心に置こうとすれば微調整が必要です。しかし、もしもこのテーブルに中心部に向かう緩やかな傾斜があるとすれば、とたんにこれは微調整でも何でもなくなります。それどころか、テーブル上に置かれたすべてのボールがやがて中心に落ち着くことは偶然ではなく必然となってしまいます。このように、一見不思議で偶然に見える現象から偶然を排し、必然的な理由を与えるのが物理学なのです。

その考えの背後には、世界のすべての物事には納得できる理由（物理学）が存在するはずだ、という信念が控えています。それが正しい保証はありません。それどころか、森羅万象は必然であり、偶然が入り込む余地がないとする価値観自体、思い上がりなのかもしれません。実際、物理学が扱う単純な基礎法則だけでは記述困難な現実社会においては、偶然が大きな影響を及ぼしていることも確かです。

それでは、偶然か必然かという二者択一ではなく、偶然と必然の中間に対応するような折衷案的解釈はないものでしょうか。それが次章で紹介する人間原理にもとづく世界観です。

第5章

人間原理とマルチバース

5-1 地球と人間にまつわる偶然

いつもは見過ごしがちですが、世の中は数多くの不思議な物事で溢れています。そしてそのほとんどは、解明されることなく謎のまま残っています。科学、なかでも物理学は、その対象となる現象を少数の基礎原理に帰着させることで、着実に謎を解き明かしてきました。しかしこれはむしろ例外的な成功です。物理学は単純な要素に分割可能な現象のみを扱っているから成功しているように見えるに過ぎないのだ、という批判も十分理解できます。にもかかわらず物理学者はその歴史的な成功経験にもとづいて、すべての物事には必然的で説明可能な理由が存在すると信じているように思えます。因果関係が錯綜している系に対して理由がわからないのは、単に物理学が不得意な複雑な系だからに過ぎない、というわけです。

我々人間と地球の関係についても、単なる偶然なのか、それとも何か深い理由があるのか、よくわからない事実は数多くあります。以下、具体的な例を挙げてみます。

5-1-1 ものが見えるわけ

太陽の表面温度は絶対温度にして約６０００度ですが、そのために太陽光は５０００オングストローム付近に強度のピークを持ちます（温度とピーク波長の関係もまた、物理定数を用いて書き下せます）。人間の目はまさにその太陽光のピーク波長付近である可視光域に高い感度を持っています。そもそも「可視光」という単語自体、この事実にもとづいて作られたものであり、人間の目が太陽光の性質に合わせて進化したと考えれば、別に不思議ではなさそうです。

しかし、我々は地球の大気を通じて太陽光を受け取っています。したがって、この大気もまた可視光に対して透明であるからこそ、人間はものが見えるわけです。大気の主成分は窒素、酸素、水、アルゴン、オゾンなどですが、それぞれの原子・分子の性質に応じて、紫外線、（遠）赤外線、サブミリ波などの特定の波長域の光を吸収します。長波長の電波は電離層で反射され、また短波長のＸ線やガンマ線は大気中の原子と様々な反応を起こすため、やはり地上には到達できません。つまり、宇宙からの電磁波が大気越しに観測できる波長帯は可視域と電波の一部でしかありません（これは、しばしば「大気の窓」と呼ばれます）。だからこそ、大気圏外で観測する宇宙望遠鏡が必要となるわけです。

基礎物理定数で決まるこれらの大気吸収の波長帯は、太陽の表面温度で決まる可視域の波長帯と無関係なはずです。仮に、大気が可視光に対して不透明となるような物理定数の値であれば、あるいは我々の中心星である太陽の温度がずっと高温あるいは低温で、紫外線や赤外線を放射していたとしたら、その2つの波長帯は一致しません。したがって、人間の目をどの波長帯に合わせて進化させるべきか、悩んだはずです。

また仮に、大気が紫外線やX線、ガンマ線に対して透明であったとしたら、生物の体を構成するタンパク質は致命的な損傷を受けるため、知的生命への進化が阻害されたかもしれません（全く逆に、突然変異率が向上する結果、スーパー人類へと一挙に進化した可能性もあります）。このように、我々の太陽の温度と物理定数で決まる原子・分子の性質とは、本来独立であるにもかかわらず、偶然、人間がものを見るために好都合な組み合わせとなっています。

5-1-2　水の物理化学的性質

液体の水の存在は、地球上の生物の誕生において不可欠であると考えられています。そもそも、生物はその大部分が水からできています。これが、表面上で水が液体として存在できるような温度（摂氏０度から１００度）にある岩石惑星を、ハビタブル惑星と呼ぶ理由でした（第２章）。

さて、氷は水に浮くことからもわかるように、水は液体の状態よりも固体（氷）のほうが低密度です。しかし、これは通常の物質とは逆で、水が持つ極めて例外的な特徴です。その最終的な理由はさておき、その性質は物理法則で決まっています。

この水の性質は、地球上の生命進化にも大きく影響を与えます。地球は過去に繰り返し氷河期を経験したことがわかっています。その時期には、湖や海の表面は氷で覆われました。その結果、海に吸収されなくなった二酸化炭素ガスが大気中で増加し、やがて温室効果を引き起こし、大気温度が上昇します。そのため、表面にある氷が溶けて、再び液体の海に戻ります。

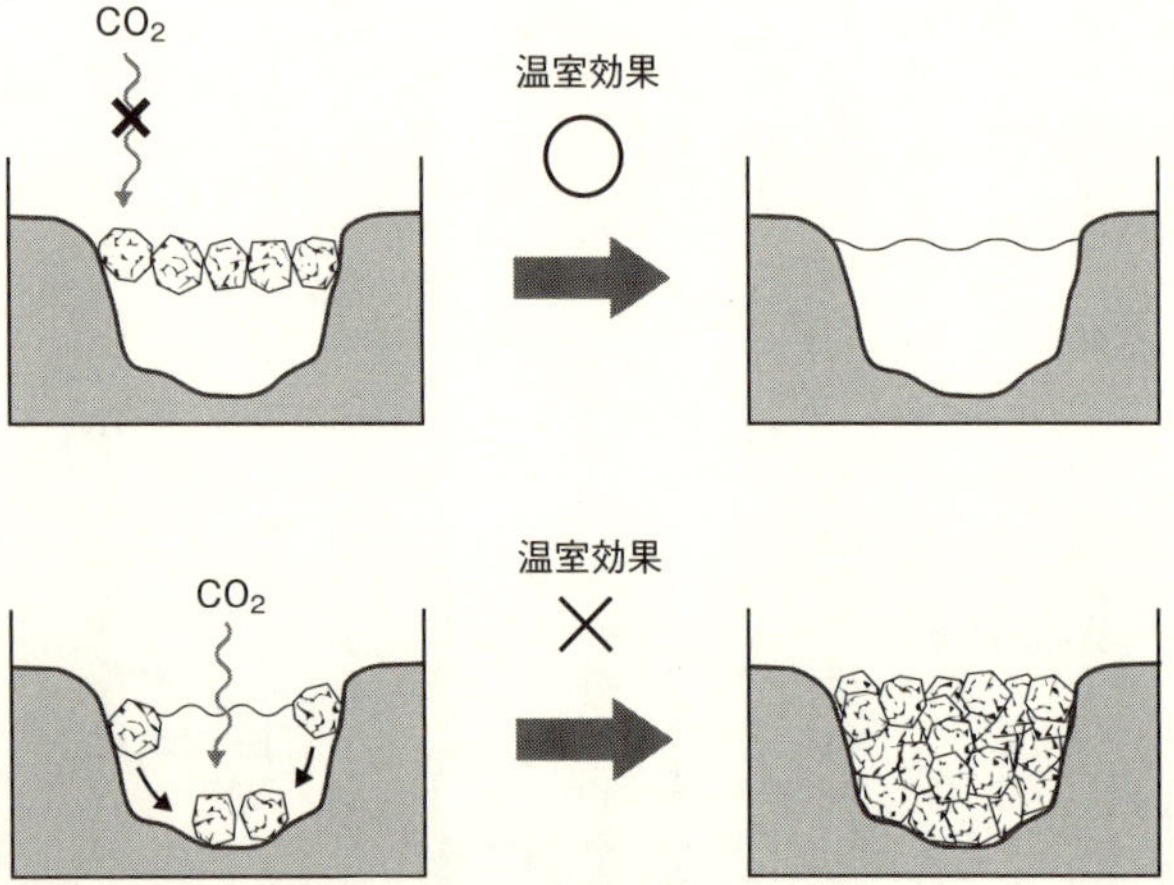

図5-1　氷と水の密度の関係と温室効果

ところが、仮に水が通常の物質と同じく、固体のほうが高密度だったとするところのサイクルが機能しません。凍った氷は次々と海底に沈んでしまいます。したがって、海面は相変わらず液体のままですから、大気中の二酸化炭素ガスを吸収し続け、温室効果が抑制されます。やがては底から徐々に表面に至るまで、海は完全に凍りつくでしょう（図5－1）。もし大気温度が再び上昇することがあっても、表面近くの氷を溶かすだけで海底まで再び液体に戻すことは難しそうです。とすれば、原始的生命を誕生させ全球に循環させるという液体の水の重要な役割が失われてしまいます。

水分子を構成する水素と酸素は、ビッグバン元素合成の際に大量に残る元素と、星の内部の元素合成によって生成される代表的な元素です。このように、宇宙の元素合成反応によって大量に生み出される元素からなる水が、なぜか不自然な物理化学的性質を持っているという絶妙な条件を満たしているおかげで、我々人間が存在しているわけです。

5-1-3 地球と他の天体との衝突

地球は他の太陽系惑星とは異なり、相対的に非常に大きな衛星（月）を持つおかげで、地球の自転軸の向きは長期間にわたりほぼ一定です。その結果、地上の気候も比較的安定に保たれています。月の起源はまだよく理解されていませんが、原始地球に火星程度の天体が衝突して、その際に弾き飛ばされた物質が月となったという巨大衝突説が有力です。

また、６５００万年前に恐竜が絶滅した理由が、小天体が地球に衝突した際に引き起こされた環境・気候の激変であったことはほぼ確実だとされています。そのような偶然がなければ、陸上は恐竜などの巨大爬虫類に支配されたままで、哺乳類、したがって人類が繁栄することは不可能だったでしょう。

これらの天文学的衝突現象そのものは完全にニュートン力学で理解できます。しかし、地球にそのような天体をうまく衝突させるためには、かなりの微調整が必要です（ビリヤードにもかなりの技巧が必要ですが、その比ではありません）。このように、人類への進化もまた、多くの偶然の積み重ねに依存しています。

5-1-4 地球の水の量

地球の大半は海で覆われていますが、その水量は全体からみれば極めてわずかです。地球の表面の凸凹を無視すれば、平均的に数キロメートルの深さになるでしょう。これは地球の半径の0・1％以下でしかありません。図5-2は、すべての海水をまとめて水滴として図示したものですが、地球に比べて驚くほどわずかであることがわかります。もしもこの水がなければ、地球には生物は誕生していなかったことでしょう。逆に、この2倍程度あったとすると、ほぼすべての大陸が水没してしまい、陸上生物は存在しえません。生物の陸上進出なしには、知的生命への進化は不可能だったと思われます。

地球の水の起源は、惑星科学における大難問ですが、人間の誕生にとって絶妙な量であ

図5-2　海水をすべてまとめた水滴として地球上に置けば、この程度の量でしかない（Credit: Howard Perlman, USGS/Jack Cook/Adam Nieman）

ったことは確かです。そして、その量は偶然の産物であるとしか言えません。

５－１－１節から５－１－４節で紹介した例に共通しているのは、人間の存在は、宇宙を支配する物理法則に加えて、無数の偶然の積み重ねに依存しているという結論です。しかもこれらの偶然はいずれも、普通に考えると滅多に起こらないと思われるほど可能性が低い事象です。これらの多くの偶然の１つでも起こらなかったとすれば、我々人間が誕生することはなかったかもしれませんし、全く異なる形態の生物となっていたかもしれません。

このように、あたかも奇跡であるように思えるこれらの偶然が実現した例外的な惑星であるからこそ、我々はこの地球の歴史の謎に首をかしげているわけです。そのような偶然を経験しなかったごく平凡な惑星を想像してみれば、そこには生物あるいは知的生命が存在しない可能性が高そうです。とすれば、知的生命が存在している惑星は、何らかの偶然が連鎖的に重なった不自然な歴史をたどっていることになります。

その結果、この宇宙の他の惑星に知的生命が存在したとすれば、それらもまた我々地球人と同じく、「なぜよりにもよってこの惑星にはありえないほどの偶然が実現してきたのだろう」と悩んでいるに違いありません。

5-2 選択効果としての人間原理

前節の結論は、当たり前すぎる気がする一方、納得できないもやもやが残りそうです。しかし、統計学的に言うならば、既知のデータからその背後の事実を推定する際に必然的に入り込む選択効果をどう解釈するかに他なりません。選択効果は、宇宙とは関係なく、人にだまされない人生を過ごす上で本質的な教訓を含みますので、身近な例を用いて説明しておきましょう。

世の中では様々な統計調査が行われ、その集計はいろいろな決定を行う際の判断材料とされています。しかし、そもそもその調査がどのような集団に対して、どのように行われたものなのかを正しく理解しておかなければ、ナンセンスなデータであってもあたかも客観的事実であるかのように誤解してしまう可能性があります。単なる誤解などではなく、意図的な操作を行って「利用」している場合もあるはずです。

わかりやすい例として、「アンケートに答えるのが好きか」というアンケートを実施して、回答者の95%が「はい」と答えたとしましょう。もちろん、これは「国民の95%はアンケートに答えるのが好きである」ことを意味しません。アンケートに答えたくない人はこのアンケートへの回答を拒否しているはずだからです。したがって、まず理解しておくべきは「アンケートに回答した人は何%であったか」です。もしも無作為に選んだ1000人のうち、アンケートに答えたのが300人だとすれば、アンケートに答えるのが好きなのは30%以下だと推定するべきです。

これは極端な例ですが、回答することを選択した人と回答の選択肢の間に何らかの相関があれば、その回答データをいくらたくさん集めたところで、回答しない人まで含めた母集団の真の統計結果にはなりえません。新聞社によって世論調査の統計が有意にずれていることがありますが、それはどの新聞社の調査に協力したいと思うか、さらに設問とそれに対する選択肢の微妙なニュアンスの違いが反映されている可能性も考慮すべきです。とはいえ、このような選択効果を特定し、その効果を補正するのは容易ではありません。

次の例はどうでしょう? 「地球から多数の星を観測して、その見かけの明るさとそこまでの距離を決定した。見かけの明るさと距離がわかると、星の真の明るさが推定できる。その結果、星は地球から遠いほど明るいという興味深い結論を得た」

これは天文学でよく登場する選択効果の例で、もちろんこの結論は間違いです。地球から観測できる星という条件は、その星の見かけの明るさが、周囲の夜の明るさと区別できるだけのある閾値以上であることを課します。そして、真の明るさが同じ星でも、遠くにあれば見かけ上の明るさは暗くなります。その結果、遠くの星ほど真の明るさが明るくなければそもそも観測できないのです。

これらの例を学んだ後ならば、「知的生命が存在している惑星は、数多くの偶然を経験している」という事実は、さほど不思議ではなくなります。「知的生命が存在する」とい

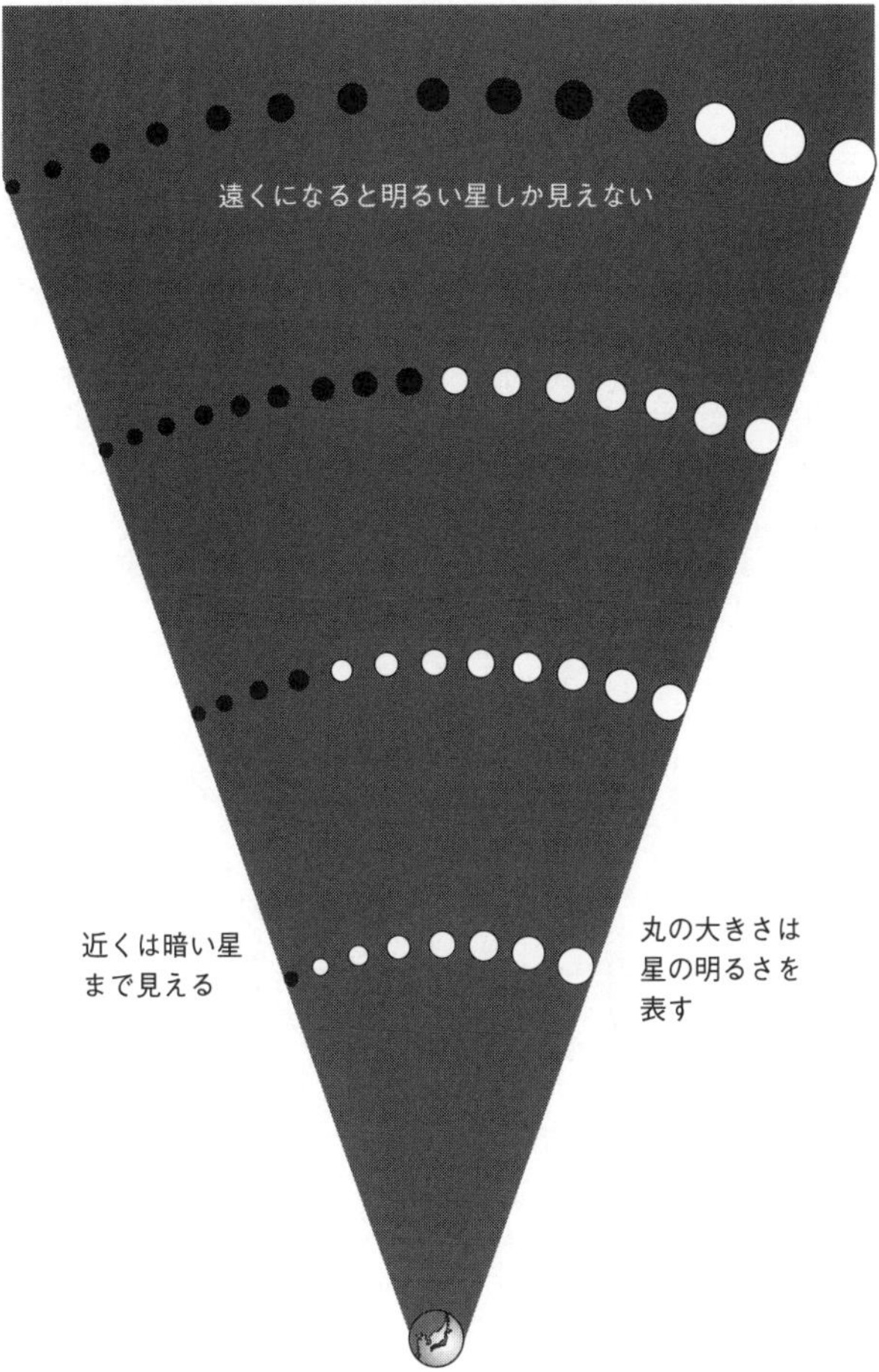

図5-3　観測される星の明るさの選択効果の概念図
地球から観測できるのは白い丸で示した星のみ

う事象と、「その惑星が数多くの偶然を経験している」という事象は独立とは言えないからです。別の言い方をすれば、「知的生命が存在する」という条件を課すことで強い選択効果が導かれているというわけです。

とすれば、さらに、「知的生命が存在している宇宙では、物理定数は不自然な値の組み合わせをとっている」という結論も、不自然ではないのかもしれません。前章で述べたように、自然な値の組み合わせをとる宇宙では知的生命が誕生しないとすれば、「知的生命が存在する」という条件を満たす宇宙は選択効果のために、不自然なものしか選ばれないためです。

このように、人間の存在と宇宙の性質の間に成り立つ相関を選択効果で解釈しようとする考え方は「人間原理」と呼ばれています。その名前の妥当性や、果たしてそれが何をどこまで説明できるのかは別として、根底となる選択効果の存在そのものは認めるべきです。

ところで「人間原理」を、このような保守的な意味ではなく、はるかに過激な主張として用いる人々もいるようです。例えば、「物理定数は、知的生命が存在する条件を満たすような値に決められている」といったものです。これは明らかに非科学的な主張であり、ここで省略されている主語は「神様」とならざるを得ません。「神様」ではなく、まだ知られていない物理法則を指しているのだと主張する人がいるかもしれません。

でもその場合、なぜそのような物理法則が存在しなくてはならないのか、説得力はありません。これでは神による創造論やインテリジェント・デザインという到底受け入れがたい非科学的主張と同じく、人間中心的な思い上がり、あるいは偏狭な価値観の表明でしかなさそうです。

というわけで、私は「人間原理」を、人間が存在するという条件自体がもたらす選択効果という穏当な意味で用います。しかし、それでは単なる後づけの解釈論に過ぎず、新たな知見をもたらすことはない、と思われるかもしれません。ある意味ではそれは正しいのですが、必ずしもそう言い切れるわけでもありません。次節を読んだ上で、各自判断してみてください。

5-3 偶然に意味を見出す：自然界における必然と偶然

地球が、その表面上で水が液体として存在できるような温度にあることは説明済みです。この事実から何かわかることはあるでしょうか。もう少し具体的な問いにまとめてみます。

地球上で水が液体として存在するためには、地球と太陽の距離が現在の0・95〜1・15倍という極めて狭い範囲（ハビタブルゾーン）に位置していなければならない。地球はまさにその条件を満たしている。この事実から何かわかることはあるか。

この問いに対する常識的な回答は次のようなものでしょう。

これは無意味な質問である。地球と太陽の距離は、太陽系、さらには地球が誕生し

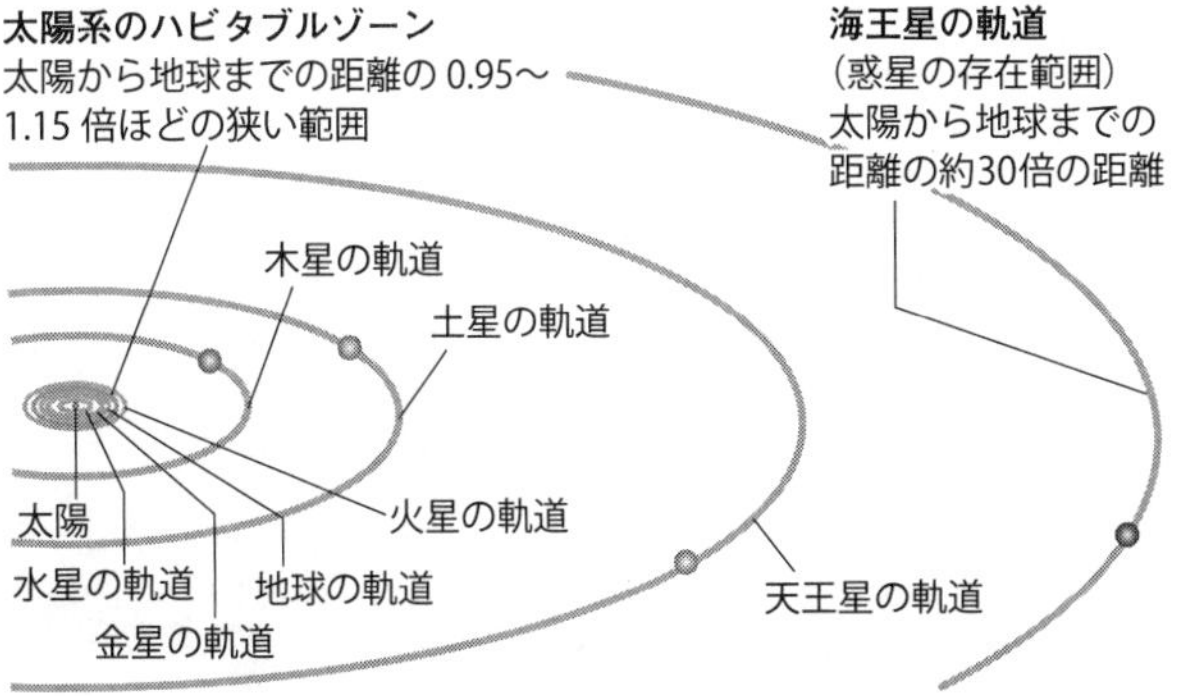

図5-4　太陽系のハビタブルゾーン

た際の初期条件で決まっただけで、全くの偶然の結果である。その結果が特定の条件を奇跡的に満たしていたとしても、偶然に意味はない。

しかしよく考えると、次の回答もあり得ます。

地球と太陽の距離は必然ではなく、単なる偶然で決まっていることは確かだ。地球以外の太陽系惑星はいずれもハビタブルゾーンにはない。その意味でも、惑星がたまたまハビタブルゾーンに位置する確率は極めて低いだろう。仮に、太陽系が宇宙に存在する唯一の惑星系であるとすれば、このような奇跡が起こるのは不自然だとしか言いようがない。しかし、宇宙に無数の惑星系が存在するのならば、その中に少なくとも1個以上のハビタブル惑星があるほうがむしろ自然である。つまり、この宇宙には、太陽系以外に膨大な数の惑星系が存在するという結論が導き出される。

この問答には、最新の科学知識は必要ありません。したがって数百年前、もしかすればそのはるか以前でも、同じ推論が可能だったはずです。にもかかわらずこのような論理から太陽系外惑星の存在を結論した人は知られていません（我々太陽系が宇宙の例外であるとは思えない。したがって太陽系の外にも惑星系は普遍に存在するはずだ、との論理を展開した人々は数多く知られていますが、それとは似て非なる主張であることに注意してください）。しかし、太陽と似た恒星の周りに惑星が初めて発見されたのは、1995年のことです。そしてそれ以降、図5－5に示されているようにすでに約4000個の系外惑星が報告されています。つまり、後者が正解かどうかは別として、その「結論」が正しかったことは間違いありません。

これはまさに人間原理的論理にもとづく結論ですが、残念ながら系外惑星の存在を予言したわけではありません。そのため、人間原理は、通常の意味での科学とは異なり、我々を不自然さや不思議さから解放する解釈を与えてくれるものに過ぎず、極論すれば宗教に

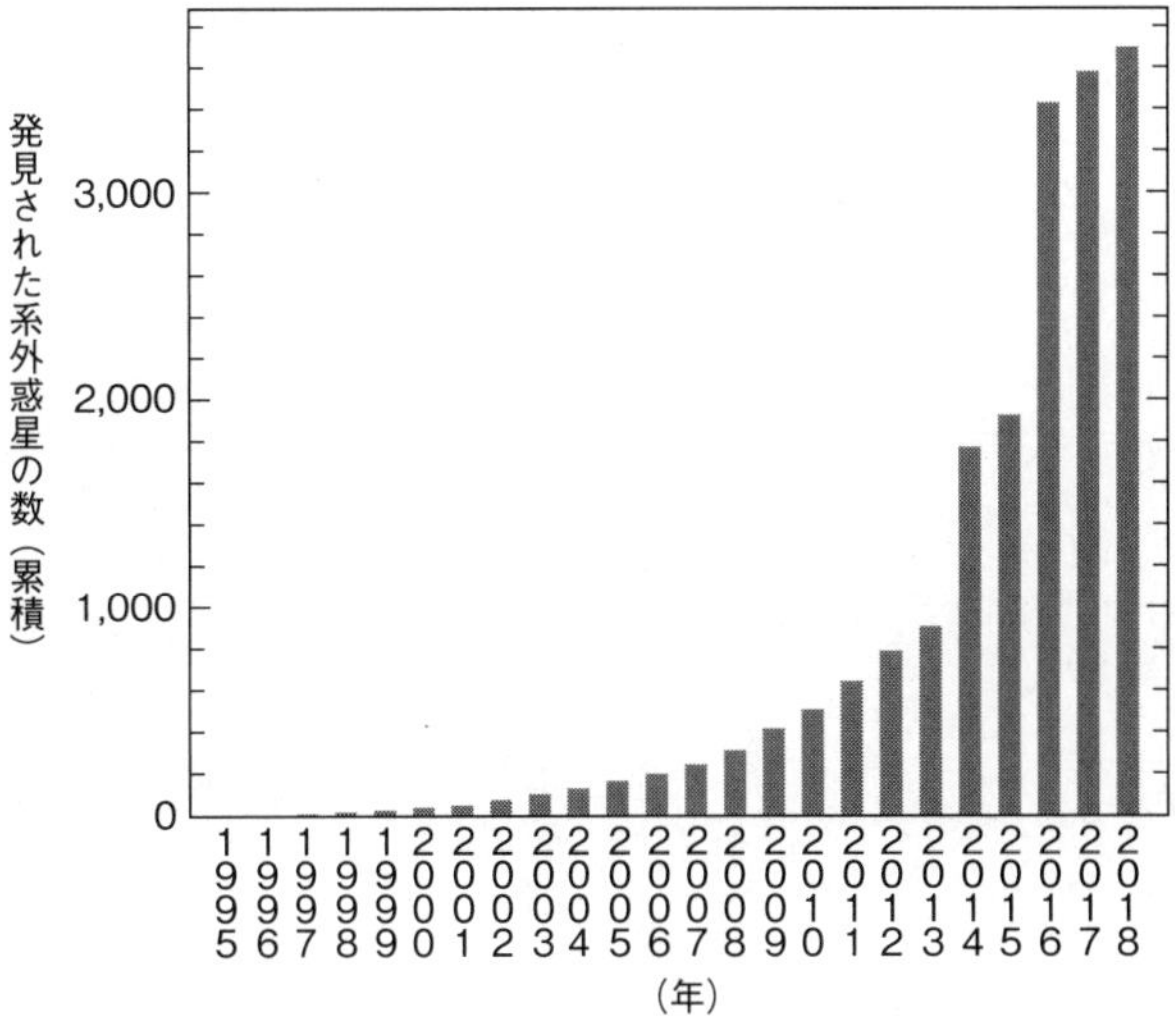

図5-5　発見された系外惑星総数の年次変化

近いのかもしれません。

　しかし、生物学者からの非難を恐れずに言えば、ダーウィンの進化論もまた、似た性質を持っています。遺伝子がなぜどのように変化して過去から現在に至る多様な生物種を生み出してきたのか。それを基本法則から出発して納得できるような科学的説明を完成することには成功していません。ましてや、これから未来に向けて生物がどのような進化を遂げるのか、科学的に予言することなど不可能です。このように選択効果にもとづいた「後づけ」的論理であるにもかかわらず、進化論は生物学の基本原理として完全に定着しています。

むろん進化論が間違っているというつもりは毛頭ありません。物理学において確立されている通常の科学の定義とは異なっているという点を強調したまでです。したがって、進化論が科学的だと認めるのであれば、人間原理にも同じ地位を与えるのが公平というものではないでしょうか。

5-4 人間原理とマルチバース

前節で展開された論理を要約すれば、以下の通りです。

ある事象の起こる確率をpとする。このpの値が1に比べて著しく小さいとする（つまり、ほとんどありえないということ）。にもかかわらず、実際にその事象が起こった例が1つだけ観測されている。この場合、宇宙にその系が1つしかないのならば、これは奇跡だと考えるしかない。しかし、宇宙に同様な系がN個あると仮定すれば、その事象が起こる期待値は$N \times p$個。したがって、$N \gg p^{-1}$であれば、その事象が起こった例が1つあること自体は、奇跡でもなんでもなく、統計的にはむしろ当然。

つまり、観測されている例以外にも、同様な系が多数存在すると認めるだけで、偶然が必然として解釈できてしまうわけです。この解釈には「人間」は顕わには登場せず、「観測」する主体として間接的に関わっているだけという点も強調しておきましょう。決して「人間のために」といった怪しげな価値観は含まれていません。そもそも、1つしかない事象に対して確率を定義すること自体困難です。確率を持ち出した時点で、少なくとも仮想的にはそれ以外の無数の系を想定しているはずです。あとはその無数の系はあくまで便宜的に仮定したものに過ぎないと割り切るのか、あるいは実在しているはずと思うのか、の違いです。「人間原理」に帰依しているとすれば、信仰心の篤さの違いに帰着するのでしょう。

よりわかりやすいのか、あるいは逆にかえって混乱させてしまうのかわかりませんが、私が講演でしばしば用いる喩え話があるので、合わせて紹介しておきます。

目覚めると四方八方の壁が完全に塗り固められた密室にいる。ここはどこで自分が誰かはおろか、過去の記憶は全くない。よく見ると、机の上に、10桁の乱数発生器とタイマー、化学反応を起こす実験装置が並んでいる。その説明書には「この装置は今から1時間後に、いくつかの化学物質を反応させる。この乱数発生器がある特定の10桁の数字列を示していれば過去の記憶をなくす物質が、それ以外の場合には致死的物質が合成される。いずれにせよ、その化学物質は速やかに部屋中に充満するようになっている」とある。そしてこの装置はすでに動作し終わった形跡がある。

つまり、自分は10の10乗の数字の組み合わせの可能性から、幸運にもたまたま記憶をなくす化学物質が合成されるだけの数列を引き当てたらしい。しかしこれは極めて不自然である。果たしてそのような奇跡が起こりうるものなのだろうか。

しばらく考えた末、やっと納得できる解釈に到達した。このような状況に陥ったのは、自分だけではないのだ。同じような密室がこの建物には10の10乗室以上あるに違いない。だとすれば、確率的にその中の1部屋程度は致死的ガスの合成を免れることが期待できる。この乱数発生器が正しい乱数を発生しているのであれば、むしろそうあるべきだ。

なぜこの自分がよりによってその選ばれし例となったのかはわからないし、それを知るすべはないであろう。なぜならば、それ以外の人々は全員生きていないはずだからだ。この奇跡を経験し生き延びた自分だからこそ、その不思議さに当惑しているわけだ。それ以外の人たちは、確率的には当然だよな、と納得しつつ死んでいったに違いない。

もしこの部屋から外に出ることができるなら、この仮説を検証できる。しかしこの部屋は堅固に塗り固められているので、自力で脱出することは不可能だ。したがって、この仮説の真偽は一生わからない。それでも、このまま謎に悩まされながら生きていくことなどまっぴらだ。この仮説に到達した以上、それに納得して限られた残りの時間を安らかに過ごす人生を選択しよう。

いかがでしょう。これは人間原理によってこの宇宙の不思議さを理解しようとする立場そのものだと思うのですが。もしこれをＴＶドラマにするならば、その続きは、

突然、大きな衝撃が彼を襲った。どうも未曾有の大地震が起こったらしい。揺れが

おさまった頃、部屋を見渡すと、壁が壊れてしまったようだ。その隙間から外へ出れば、自分の仮説を検証することができるはずだ。打ち震えながら、やっとの思いでその部屋から脱出した彼の目に映った風景は……（終）

といったところでしょうか。

この部屋が第2章で紹介したレベル1ユニバースに対応します。その先に広がる世界がどうなっているのか、現時点ではわかりませんが、その外に何らかの世界（レベル1マルチバース）があることは確かだとは思いませんか？

科学、なかでも物理学は、世界からできる限り偶然を排し、すべてをすっきりと説明することを目指す営みです。そして物事の原因をどこまでも追究すれば、必然的に考えている系を拡大せざるを得ません。その端的な例が天文学なのです。

地球の振る舞いは太陽系で決まり、太陽系の振る舞いは銀河系に、銀河系は宇宙に、そしてこの宇宙のあり方はその外にある（かもしれない）マルチバースに原因を求めることができるというわけです。残念ながら、そのマルチバースはなぜ存在するのかという究極の問いに答えられるかはわかりません。しかし、気が遠くなるほど幾重にも連なる深い階層の末端にいる我々が抱く疑問の大半は、我々の住む宇宙の外のマルチバースの実在を認めるだけでそれなりにすっきりと納得できるのではないでしょうか。
さて、前節では系外惑星の例題を紹介し、「解答例」を丁寧に解説してみました。それを前提として、次の応用問題を考えてみてください。

この宇宙を支配している物理法則や物理定数は不自然である。特に、物理定数の値は、極めてありえないような絶妙な組み合わせとなっていて、それが生命、さらには知的生命の存在を可能としているように思える。これから何かわかることはあるか。

前節の解答例をマスターした読者にとっては、私が期待している「模範解答」は自明でしょう。

物理法則を特徴づける物理定数の値がある特定の極めて狭い範囲に限られる理由はない。とすれば、それらの組み合わせが、生命の存在を可能とするような範囲におさまる確率は極めて低い。にもかかわらず我々が住むこの宇宙はまさにその例となっている。したがって、我々の宇宙以外に無数の異なる宇宙が存在することが結論される。

もちろんこの「模範解答」が正解であるかどうかはわかりません。それどころかこの問題を大学入試に出題したら、たちまち世論が炎上し、受験生全員に満点を与えざるを得なくなることでしょう。

しかし、人間原理にしたがって、この宇宙の不自然さを自然に理解しようとすれば、ある種のマルチバースの存在を認めることが必須です。マルチバースなしに人間原理は機能しません。系外惑星は現在の技術で検出可能となったおかげで、前節の2つめの回答の「結論」が確認できました。しかし、我々が観測できる宇宙の外にあるはずのマルチバースは原理的に観測不可能です。したがって、この「模範解答」が正しいかどうかを科学的に検証することも不可能です。

この意味において、人間原理の立場からマルチバースを受け入れるかどうかは、

・人間原理以外に、この宇宙の不自然さを説明する理屈はないのか

・もしあるならば、それと比較してどちらが説得力を持つのか

・もしないならば、そもそも宇宙の不自然さを説明する必要はあるのか

などの問いにどう向き合うのかという価値観に依存するのだと思います。

終章

マルチバースを考える意味

本書で繰り返し提起してきた問題は、つまるところ「物理法則とは何か」です。残念ながらそれに対する正解は存在しません。しかし、その過程で紹介された様々な観点を通じて、物理法則さらにはこの世界とはいかなるものかを、じっくり考える材料だけでも提供できたのではないかと期待しています。

科学の役割とは、未だ解かれていない難問に正解を与えることだと考える方が大半かもしれません。もちろん、それが重要であることはいうまでもありません。先人の絶え間ない努力によって科学は進歩を続け、その結果は、社会の発展と人々の生活の向上に大きく貢献してきました。

しかし私は、それと同時に、今まで気づかれていないとびっきり面白い疑問を発見することもまた科学の重要な役割である点を強調したいのです。それらに対する正解を発見する必要はありません。次世代の科学者が解明してくれるかもしれませんし、ひょっとすると正解など存在しないのかもしれません。いずれの場合でも、その疑問が本質的でありさえすれば、正解を模索する過程で、さらに新たな発見が生まれ、我々人類は少しずつ賢くなっていくはずです。

これはまさに「学問」という漢語に尽くされています。何かを「学」ぶだけでも、また学ぶことなしに「問」うてばかりいても、人類の進歩に貢献することは難しそうです。文字通り、「学びて問う」という組み合わせこそが科学の本質なのだと思います。

幸いなことに私はすでに30年以上にわたって、物理学を「学問」することで生活の糧を得てこられました。その経験から

・この世界に存在する森羅万象、さらには宇宙・世界そのものまでもが、例外なく物理法則にしたがっている

・物理法則に矛盾しない限り、いくら可能性が低いと思われる現象であろうと、この広い宇宙のどこかで必ず実現している

という2つの信念を持つに至りました。この信念に納得してもらえる人々がどの程度いるのかわかりませんが、おそらく大多数の天文物理学者には共感してもらえるのではないかと考えています。

この信念をさらに、我々の住む宇宙そのものに当てはめるとどうなるのか。それが本書のテーマであるマルチバースに他なりません。その出発点が

「我々の住む宇宙は必然かあるいは偶然か」

という問いなのです。

ほとんどの物理学は、閉じた系を対象とし、既知の普遍的物理法則（必然）にしたがって、その系が持つ初期条件（偶然）が、その後いかに時間発展するかを考えます。その初期条件がどうして選ばれたのかは、考えません。初期条件はその系から決まるのではなく、その外にあるより大きな系の振る舞いから与えられるしかないのです。

これではあまりに抽象的すぎるので、具体的な例を挙げてみます。我々の住む地球は太陽の周りを、物理法則にしたがって公転しています。では、2019年1月1日午前0時ちょうどになぜその場所にいるのか、別の場所だと何かまずいのかは、地球と太陽だけを考えていてもわかりません。その意味では偶然です。しかし、さらに過去を遡るならば、太陽系誕生の際の初期条件からの必然的帰結だとも言えます。そしてこの太陽系の初期条件もまた、原理的には、宇宙が誕生した際の初期条件の必然的結果のはずです。

このようにいかなる偶然であろうと、原理的には、物理法則を用いることでその起源を必然的に遡ることができます。しかしながら、この作業は我々を含む最大の系である宇宙に到達した時点でストップします。そしてその段階で、宇宙が誕生した時に持っていたはずの初期条件はいかに決まったのか、という大問題が残るのです。

これを言い換えれば、宇宙はなぜ誕生したのか？　それは必然だったのか？　という疑問になり、それには、2つの立場があり得ます。

一つは、それがどのようなものかはまだ理解できていないものの何らかの究極の物理法則が存在しており、それにしたがって唯一無二の宇宙が必然的に決まるというもの。もう一つは、無数にある論理的可能性の中から、たまたまこの宇宙の初期条件が選ばれたに過ぎないとするものです。

後者の場合でも、一旦誕生した宇宙はそれ以降、物理法則にしたがって必然的に進化するはずですが、どのような性質を持って誕生したのかは、あくまで偶然であったと考えるわけです。したがって、それ自体を説明することはできません。これがマルチバースの考え方に近い立場です。

さらに言えば、法則が宇宙のどこにあるのかを考え始めると、そもそも宇宙が誕生する前に究極の法則が存在するという考え方すら不自然かもしれません。抽象的な物理法則と具体的な宇宙という実在とは、不可分であり同一なのかもしれませんから。

正解は（少なくとも現時点では）全くわかりませんし、どちらの立場であっても物理学そのものに直接影響を与えることはなさそうです。せいぜい、どちらを信じるほうが安らかな気持ちで人生を過ごせるのか程度の違いでしょう。

科学という行為を通じて何かを探究し続けた結果、ある程度までは納得できる理由が解明される。これは、登山に喩えると山の中腹くらいまで登ったレベルでしょうか。さらに探究を続けることは中腹より上を目指すことに対応します。しかし、私はこの科学の登山はエンドレスであり、すべてのことを説明し尽くせるということはない、つまり山の頂にはいつまで経っても辿り着けないのではないか、と思っています。

実際に登ってみない限り、下から眺める山頂は雲に覆われているだけで本当の高さはわかりません。だからこそ、登り続けていればいつかは雲が晴れ頂が見えそこに到達できるはずだと信じている人と、ひとつ雲が晴れても実はその上にまた別の雲があり、いつまで経っても真の頂は見えない状態の繰り返しではないかと考える人の2種類に分かれるわけです。私自身は後者の立場で、山の頂は決して見えないだろうと思っています。それどころか、むしろ、そのほうが夢があってずっと楽しいのだ、とすら信じています。

マルチバースという考えも結局はこの無限に続く登山のようなもので、科学的検証はできないことでしょう。この宇宙の他にも宇宙が存在するとしたら、それを観測したい、と考えるのは当然です。しかしある意味では、それが実際に観測できた時点で、それは別の宇宙ではなく我々の宇宙の一部だったということになってしまいます。

科学はこれからも長い時間をかけていろいろなことを発見し、解き明かしていくでしょう。とはいえ「我々人類ができる範囲で」という但し書きが付くはずです。例えば、ネアンデルタール人はどんなにがんばってもアインシュタインの一般相対論は理解できそうにありません。同様に、我々ホモ・サピエンスにも知性の限界があるはずで、その範囲内で、宇宙のすべてを理解できる保証はありません。むしろそうではないと想像するほうが自然でしょう。だからと言って自然観、世界観をより高めていく試みを諦めろというわけではありません。全く逆です。アリにはアリの、ゴリラにはゴリラの、人間には人間の限界があることを理解した上で、探究を継続する。これが、決して山の頂は見えなくても登山を続けるべきだし、そのほうがずっと楽しく価値のある営みではないか、と述べた理由です。

我々人類にとって宇宙はあまりに大きすぎて、そのすべてを解き明かすことは不可能なように思えます。しかしながら、わからないこと、解き明かしたいことが多ければ多いほど、わくわくするのも事実です。やりたいことがないほど満ち足りた人生がつまらないのと同様、解き明かしたい謎がない科学に魅力はありません。

「自分の生きている間には解き明かすことは不可能であろうと、それでも真実に一歩でも近づきたい」、それこそが科学研究の醍醐味だと思います。そして「我々は何も知らなかった」を実感できたとすれば、それほど素晴らしいことはないと思いませんか。

あとがき

「マルチバースに関する話を聞きたいという受講生からのリクエストがあったのですが、お願いできませんでしょうか」。2017年になってすぐ、朝日カルチャーセンターの神宮司英子さんから連絡を頂きました。実は、これは私が以前より興味を持っているテーマで、2006年に東京大学出版会から出版した『ものの大きさ——自然の階層・宇宙の階層』という著書の通奏低音ともなっているほどです。そこで、2017年5月27日の午後に2コマ分まとめて話すことにしました。神宮司さんの紹介で、その講演を聞いてくれた一人が、本書の担当編集者である家中信幸さんでした。

ほどなく家中さんからマルチバースに関する執筆の依頼を頂いたのですが、時間がとれそうもなく一旦お断りしました。ところが、2017年後期に東京大学駒場キャンパスで教養学部の学生を対象とした学術俯瞰講義を3回担当することになり、その講義「我々の宇宙からマルチバースへ」を録音して原稿にしてもらえるのならば、という条件でお引き受けすることにしました。

しかし実際に自分の言葉を忠実に文章に起こしてもらった原稿を読んでみると、とても使えるようなものではありません。自分がこんなひどい日本語をしゃべっているのかと落ち込むとともに、引き受けてしまった以上、すべて書き下ろすしかないと決心し、一から書き直したのが本書です。

この俯瞰講義は http://ocw.u-tokyo.ac.jp/course_11402/ から無料で視聴できますが、本書のほうがはるかにわかりやすくまとまっていると思います。物理法則と世界の関係を考察する先に拓けるマルチバースという概念を楽しむ道案内として使っていただければ嬉しく思います。

最後になりましたが、本書のきっかけを作って頂いた神宮司英子さんと、数多くの有益な助言をくださった家中信幸さんに厚く感謝させていただきます。

2019年1月

須藤靖

天体	条件	導かれるスケール
惑星	自己重力が構成物質の構造を変化させない	$M=\left(\frac{\alpha_E}{\alpha_G}\right)^{\frac{3}{2}} m_p$ $R=\left(\frac{\alpha_E}{\alpha_G}\right)^{\frac{1}{2}} r_B$
恒星	中心温度が核融合が起きるほどの高温になる	$M=\left(\frac{\alpha_E}{\alpha_G}\right)^{\frac{3}{2}}\left(\frac{m_p}{m_e}\right)^{\frac{3}{4}} m_p$ $R=\left(\frac{\alpha_E}{\alpha_G}\right)^{\frac{1}{2}}\left(\frac{m_e}{m_p}\right)^{\frac{1}{4}} r_B$
白色矮星	電子の縮退圧で重力を支える	$M=\left(\frac{1}{\alpha_G}\right)^{\frac{3}{2}} m_p$ $R=\left(\frac{\alpha_E}{\alpha_G^{\frac{1}{2}}}\right) r_B$
中性子星	中性子の縮退圧で重力を支える	$M=\left(\frac{1}{\alpha_G}\right)^{\frac{3}{2}} m_p$ $R=\left(\frac{\alpha_E}{\alpha_G^{\frac{1}{2}}}\right)\left(\frac{m_e}{m_p}\right) r_B$
銀河	ガスの輻射冷却によってエネルギーを開放し収縮する	$M=\left(\frac{\alpha_E^5}{\alpha_G^2}\right)\left(\frac{m_p}{m_e}\right)^{\frac{1}{2}} m_p$ $R=\left(\frac{\alpha_E^4}{\alpha_G}\right)\left(\frac{m_p}{m_e}\right)^{\frac{1}{2}} r_B$

表1　宇宙の天体諸階層に対応する物理条件と典型的スケール

るという事実のほうです。

この惑星の例と同様に、ある物理的な条件を課すことで、それ以外の対応する天体のスケールを導くことができます。そしてその結果は、いずれも物理定数によって書き下されます（表1）。この事実は、巨視的な世界が微視的な法則にしたがっていることを示す端的な例になっています。

ただしこれらの結果は、あくまで「もしも存在するとすればこのようなスケールになるはず」、という推論でしかありません。その意味では理論的な可能性に過ぎず、もしも我々が宇宙を観測する手段を持たないならば、これらの「天体」の実在は証明できません。それどころか、懐疑的な意見が大勢を占めるのかもしれません（拙著：『主役はダーク』〈毎日新聞出版、2013〉参照）。説得力を持って実在を主張するには、具体的にどのような初期条件からいかなる物理過程を経て誕生し、進化したかまで議論する必要があるからです。にもかかわらず、これらはすべて天文観測からその存在が確認されています。この事実は、「自然界においては物理法則と矛盾しない限り理論的に許される可能性はすべて実現する」ことを示唆しているのだと思います。

を

$$\alpha_{\mathrm{E}} \equiv \frac{e^2}{\hbar c} \approx \frac{1}{137}, \tag{7}$$

同様に重力の強さを示す“重力”微細構造定数を

$$\alpha_{\mathrm{G}} \equiv \frac{Gm_{\mathrm{p}}^2}{\hbar c} = \left(\frac{m_{\mathrm{p}}}{m_{\mathrm{pl}}}\right)^2 \approx 5.9 \times 10^{-39} \approx 0.8 \times 10^{-36} \alpha_{\mathrm{E}} \tag{8}$$

と定義しました。また、ここに登場している$m_{\mathrm{pl}}=(\hbar c/G)^{1/2}$はプランク質量です。

ここで得られた（6）式を質量と半径に書き直せば

$$M < \left(\frac{\alpha_{\mathrm{E}}}{\alpha_{\mathrm{G}}}\right)^{3/2} m_{\mathrm{p}} \approx 2.2 \times 10^{30}\mathrm{g} \tag{9}$$

$$R < \left(\frac{\alpha_{\mathrm{E}}}{\alpha_{\mathrm{G}}}\right)^{1/2} r_{\mathrm{B}} \approx 5.8\text{万}\,\mathrm{km} \tag{10}$$

となります。これらの条件を満たす天体が存在するならば、それを構成する原子の構造は変形することなく重力によって集まった系だと考えられます。

これは物理的な考察だけから得られた結果ですが、その半径と質量に対する上限値が、太陽系内の最大の惑星である木星の値（$R_{\mathrm{J}} \approx 7.1$万kmおよび$M_{\mathrm{J}} \approx 1.9 \times 10^{30}\mathrm{g}$）とよく一致していることは興味深いと思います。そしてここで強調しておきたいのは、数値が一致していることよりも、天体のスケールが、微視的な物理法則を記述する基本定数である、α_{E}、α_{G}、r_{B}、m_{p}だけを用いて単純な形に書き下せ

いてみましょう。

簡単にするために、水素原子N個からなる質量Mの球を考えます。陽子の質量をm_{p}($\approx 1.67\times 10^{-24}$g)とすれば

$$M = Nm_{\mathrm{p}} \qquad (2)$$

と書くことができます。重力が原子の構造を変えるほど強くないとすれば、この球の半径は、ボーア半径を用いて

$$R \approx N^{1/3} r_{\mathrm{B}} = N^{1/3} \frac{\hbar^2}{m_{\mathrm{e}} e^2} \qquad (3)$$

で与えられます。

ここで重力が球内部の原子の構造を変えないという仮定は、物理的には重力エネルギーが原子の全静電エネルギーよりも小さくなる条件：

$$\frac{GM^2}{R} < N \frac{e^2}{r_{\mathrm{B}}} \qquad (4)$$

に言い換えられます。

そこで、（3）式を（4）式に代入してNに対する条件を求めると、

$$\frac{GN^2 m_{\mathrm{p}}^2}{N^{1/3} r_{\mathrm{B}}} < N \frac{e^2}{r_{\mathrm{B}}} \qquad (5)$$

を変形して

$$N < \left(\frac{e^2}{Gm_{\mathrm{p}}^2} \right)^{3/2} = \left(\frac{\alpha_{\mathrm{E}}}{\alpha_{\mathrm{G}}} \right)^{3/2} \approx 1.3\times 10^{54} \qquad (6)$$

となります。ここで、電磁気力の強さを示す微細構造定数

付録　微視的スケールと天体のスケールをつなぐ

図４－６に微視的スケールと天体のスケールの関係をまとめました。これは、単なる数値のつじつま合わせではなく、物理的考察の結果導かれた関係式であることを強調したいと思います。それを示す例として、惑星のスケールを導く議論を紹介します。より詳しくは、拙著『ものの大きさ』（東京大学出版会、2006）を御覧ください。

天体は自らの重力によって集団化しています。そのもっとも基本的な構成要素は、水素原子だと考えてよいでしょう。水素原子の典型的な大きさは、

$$r_{\mathrm{B}} = \frac{\hbar^2}{m_{\mathrm{e}} e^2} \approx 5 \times 10^{-9}\mathrm{cm} \qquad (1)$$

で与えられ、ボーア半径と呼ばれています。通常の状態では、隣り合った水素原子同士がこの大きさ以下まで近づくことはありません。しかし、重力が強くなる（考えている天体の質量が大きくなる）と、密度が高くなり、水素原子同士がこの距離以下まで圧縮されるようになるはずです。

とすれば、天体の自己重力によって水素原子の構造そのものが影響を受け始めてしまいます。これをさらに進めれば、やがて水素原子同士が反応して核融合を起こすことになるでしょう。それは恒星に対応します。そこで、自己重力が水素原子のサイズを変えないような臨界質量を惑星の最大質量であると考えることとして、その値を具体的に導

【ま行】

【や行】

【ら行】

【わ行】

さくいん

【数字・ギリシャ文字・アルファベット】

【あ行】

【か行】

N.D.C.441　230p　18cm

ブルーバックス　B-2084

不自然《ふしぜん》な宇宙《うちゅう》

宇宙はひとつだけなのか？

2019年1月20日　第1刷発行
2024年1月19日　第5刷発行

著者　須藤《すとう》　靖《やすし》
発行者　森田浩章
発行所　株式会社講談社
〒112-8001 東京都文京区音羽2-12-21
電話　出版　03-5395-3524
販売　03-5395-4415
業務　03-5395-3615
印刷所　（本文印刷）株式会社ＫＰＳプロダクツ
（カバー表紙印刷）信毎書籍印刷株式会社
製本所　株式会社国宝社

定価はカバーに表示してあります。

ISBN978-4-06-514465-7

発刊のことば

科学をあなたのポケットに

二十世紀最大の特色は、それが科学時代であるということです。科学は日に日に進歩を続け、止まるところを知りません。ひと昔前の夢物語もどんどん現実化しており、今やわれわれの生活のすべてが、科学によってゆり動かされているといっても過言ではないでしょう。

そのような背景を考えれば、学者や学生はもちろん、産業人も、セールスマンも、ジャーナリストも、家庭の主婦も、みんなが科学を知らなければ、時代の流れに逆らうことになるでしょう。

ブルーバックス発刊の意義と必然性はそこにあります。このシリーズは、読む人に科学的に物を考える習慣と、科学的に物を見る目を養っていただくことを最大の目標にしています。そのためには、単に原理や法則の解説に終始するのではなくて、政治や経済など、社会科学や人文科学にも関連させて、広い視野から問題を追究していきます。科学はむずかしいという先入観を改める表現と構成、それも類書にないブルーバックスの特色であると信じます。

一九六三年九月　　野間省一

ブルーバックス　宇宙・天文関係書

1394 ニュートリノ天体物理学入門　小柴昌俊
1487 ホーキング　虚時間の宇宙　竹内　薫
1592 発展コラム式　中学理科の教科書　第2分野（生物・地球・宇宙）　石渡正志／滝川洋二＝編
1697 インフレーション宇宙論　佐藤勝彦
1728 ゼロからわかるブラックホール　大須賀　健
1731 宇宙は本当にひとつなのか　村山　斉
1762 完全図解　宇宙手帳（宇宙航空研究開発機構）＝協力　渡辺勝巳／JAXA
1799 宇宙になぜ我々が存在するのか　村山　斉
1806 新・天文学事典　谷口義明＝監修
1861 発展コラム式　中学理科の教科書　改訂版　生物・地球・宇宙編　石渡正志／滝川洋二＝編
1887 小惑星探査機「はやぶさ2」の大挑戦　山根一眞
1905 あっと驚く科学の数字　数から科学を読む研究会
1937 輪廻する宇宙　横山順一
1961 曲線の秘密　松下泰雄
1971 へんな星たち　鳴沢真也
1981 宇宙は「もつれ」でできている　ルイーザ・ギルダー／山田克哉＝監訳／窪田恭子＝訳
2006 宇宙に「終わり」はあるのか　吉田伸夫
2011 巨大ブラックホールの謎　本間希樹
2027 重力波で見える宇宙のはじまり　ピエール・ビネトリュイ／安東正樹＝監訳／岡田好恵＝訳
2066 宇宙の「果て」になにがあるのか　戸谷友則
2084 不自然な宇宙　須藤　靖
2124 時間はどこから来て、なぜ流れるのか？　吉田伸夫
2128 地球は特別な惑星か？　成田憲保
2140 宇宙の始まりに何が起きたのか　杉山　直
2150 連星からみた宇宙　鳴沢真也
2155 見えない宇宙の正体　鈴木洋一郎
2167 三体問題　浅田秀樹
2175 爆発する宇宙　戸谷友則
2176 宇宙人と出会う前に読む本　高水裕一
2187 マルチメッセンジャー天文学が捉えた新しい宇宙の姿　田中雅臣

ブルーバックス　物理学関係書(I)

79 相対性理論の世界　J・A・コールマン　中村誠太郎＝訳
563 電磁波とはなにか　後藤尚久
584 10歳からの相対性理論　都筑卓司
733 紙ヒコーキで知る飛行の原理　小林昭夫
911 電気とはなにか　室岡義広
1012 量子力学が語る世界像　和田純夫
1084 図解　わかる電子回路　加藤 肇／見城尚志／高橋 久
1128 原子爆弾　山田克哉
1150 音のなんでも小事典　日本音響学会＝編
1174 消えた反物質　小林 誠
1205 クォーク　第2版　南部陽一郎
1251 心は量子で語れるか　ロジャー・ペンローズ／A・シモニー／N・カートライト／S・ホーキング　中村和幸＝訳
1259 光と電気のからくり　山田克哉
1310 「場」とはなんだろう　竹内 薫
1380 四次元の世界（新装版）　都筑卓司
1383 高校数学でわかるマクスウェル方程式　竹内 淳
1384 マックスウェルの悪魔（新装版）　都筑卓司
1385 不確定性原理（新装版）　都筑卓司
1390 熱とはなんだろう　竹内 薫
1391 ミトコンドリア・ミステリー　林 純一
1394 ニュートリノ天体物理学入門　小柴昌俊
1415 量子力学のからくり　山田克哉
1444 超ひも理論とはなにか　竹内 薫
1452 流れのふしぎ　石綿良三／根本光正＝著　日本機械学会＝編
1469 量子コンピュータ　竹内繁樹
1470 高校数学でわかるシュレディンガー方程式　竹内 淳
1483 新しい物性物理　伊達宗行
1487 ホーキング　虚時間の宇宙　竹内 薫
1509 新しい高校物理の教科書　山本明利／左巻健男＝編著
1569 電磁気学のＡＢＣ（新装版）　福島 肇
1583 熱力学で理解する化学反応のしくみ　平山令明
1591 発展コラム式　中学理科の教科書　第1分野（物理・化学）　滝川洋二＝編
1605 マンガ　物理に強くなる　関口知彦＝原作　鈴木みそ＝漫画
1620 高校数学でわかるボルツマンの原理　竹内 淳
1638 プリンキピアを読む　和田純夫
1642 新・物理学事典　大槻義彦／大場一郎＝編
1648 量子テレポーテーション　古澤 明
1657 高校数学でわかるフーリエ変換　竹内 淳
1675 量子重力理論とはなにか　竹内 薫
1697 インフレーション宇宙論　佐藤勝彦

ブルーバックス　物理学関係書（II）

1701	光と色彩の科学	齋藤勝裕
1715	量子もつれとは何か	古澤　明
1716	「余剰次元」と逆二乗則の破れ	村田次郎
1720	傑作！　物理パズル50	ポール・G・ヒューイット＝作　松森靖夫＝編訳
1728	ゼロからわかるブラックホール	大須賀健
1731	宇宙は本当にひとつなのか	村山　斉
1738	物理数学の直観的方法（普及版）	長沼伸一郎
1776	現代素粒子物語（高エネルギー加速器研究機構）＝協力	中嶋　彰／KEK
1780	オリンピックに勝つ物理学	望月　修
1799	宇宙になぜ我々が存在するのか	村山　斉
1803	高校数学でわかる相対性理論	竹内　淳
1815	大人のための高校物理復習帳	桑子　研
1827	大栗先生の超弦理論入門	大栗博司
1836	真空のからくり	山田克哉
1860	発展コラム式　中学理科の教科書　改訂版　物理・化学編	滝川洋二＝編
1867	高校数学でわかる流体力学	竹内　淳
1871	アンテナの仕組み	小暮裕明　小暮芳江
1894	エントロピーをめぐる冒険	鈴木　炎
1905	あっと驚く科学の数字　数から科学を読む研究会	
1912	マンガ　おはなし物理学史	小山慶太＝原作　佐々木ケン＝漫画
1924	謎解き・津波と波浪の物理	保坂直紀
1930	光と重力　ニュートンとアインシュタインが考えたこと	小山慶太
1932	天野先生の「青色LEDの世界」	天野　浩／福田大展
1937	輪廻する宇宙	横山順一
1940	すごいぞ！　身のまわりの表面科学	日本表面科学会
1960	超対称性理論とは何か	小林富雄
1961	曲線の秘密	松下泰雄
1970	高校数学でわかる光とレンズ	竹内　淳
1981	宇宙は「もつれ」でできている	ルイーザ・ギルダー　山田克哉＝監訳　窪田恭子＝訳
1982	光と電磁気　ファラデーとマクスウェルが考えたこと	小山慶太
1983	重力波とはなにか	安東正樹
1986	ひとりで学べる電磁気学	中山正敏
2019	時空のからくり	山田克哉
2027	重力波で見える宇宙のはじまり	ピエール・ビネトリュイ　安東正樹＝監訳　岡田好恵＝訳
2031	時間とはなんだろう	松浦　壮
2032	佐藤文隆先生の量子論	佐藤文隆
2040	ペンローズのねじれた四次元　増補新版	竹内　薫
2048	$E=mc^2$のからくり	山田克哉
2056	新しい1キログラムの測り方	臼田　孝

ブルーバックス　物理学関係書（Ⅲ）

2061 科学者はなぜ神を信じるのか　三田一郎
2078 独楽の科学　山崎詩郎
2087 「超」入門　相対性理論　福江　淳
2090 はじめての量子化学　平山令明
2091 いやでも物理が面白くなる　新版　志村史夫
2096 2つの粒子で世界がわかる　森　弘之
2100 プリンシピア　自然哲学の数学的原理　第Ⅰ編　物体の運動　アイザック・ニュートン　中野猿人＝訳・注
2101 プリンシピア　自然哲学の数学的原理　第Ⅱ編　抵抗を及ぼす媒質内での物体の運動　アイザック・ニュートン　中野猿人＝訳・注
2102 プリンシピア　自然哲学の数学的原理　第Ⅲ編　世界体系　アイザック・ニュートン　中野猿人＝訳・注
2115 「ファインマン物理学」を読む　普及版　量子力学と相対性理論を中心として　竹内　薫
2124 時間はどこから来て、なぜ流れるのか？　吉田伸夫
2129 「ファインマン物理学」を読む　普及版　電磁気学を中心として　竹内　薫
2130 「ファインマン物理学」を読む　普及版　力学と熱力学を中心として　竹内　薫
2139 量子とはなんだろう　松浦　壮
2143 時間は逆戻りするのか　高水裕一
2162 トポロジカル物質とは何か　長谷川修司
2169 アインシュタイン方程式を読んだら「宇宙」が見えた　深川峻太郎
2183 早すぎた男　南部陽一郎物語　中嶋　彰
2193 思考実験　科学が生まれるとき　榛葉　豊
2194 宇宙を支配する「定数」　臼田　孝
2196 ゼロから学ぶ量子力学　竹内　薫

ブルーバックス　地球科学関係書（I）

1414 謎解き・海洋と大気の物理　保坂直紀
1510 新しい高校地学の教科書　杵島正洋／松本直記／左巻健男＝編著
1592 発展コラム式　中学理科の教科書　第2分野（生物・地球・宇宙）　石渡正志／滝川洋二＝編
1639 見えない巨大水脈　地下水の科学　日本地下水学会／井田徹治
1670 森が消えれば海も死ぬ　第2版　松永勝彦
1721 図解　気象学入門　古川武彦／大木勇人
1756 山はどうしてできるのか　藤岡換太郎
1804 海はどうしてできたのか　藤岡換太郎
1824 日本の深海　瀧澤美奈子
1834 図解　プレートテクトニクス入門　木村　学／大木勇人
1844 死なないやつら　長沼　毅
1861 発展コラム式　中学理科の教科書　改訂版　生物・地球・宇宙編　石渡正志／滝川洋二＝編
1865 地球進化　46億年の物語　ロバート・ヘイゼン／円城寺　守＝監訳／渡会圭子＝訳
1883 地球はどうしてできたのか　吉田晶樹
1885 川はどうしてできるのか　藤岡換太郎
1905 あっと驚く科学の数字　数から科学を読む研究会
1924 謎解き・津波と波浪の物理　保坂直紀
1925 地球を突き動かす超巨大火山　佐野貴司
1936 Q&A火山噴火127の疑問　日本火山学会＝編
1957 日本海　その深層で起こっていること　蒲生俊敬
1974 海の教科書　柏野祐二
1995 活断層地震はどこまで予測できるか　遠田晋次
2000 日本列島１００万年史　山崎晴雄／久保純子
2002 地学ノススメ　鎌田浩毅
2004 人類と気候の10万年史　中川　毅
2008 地球はなぜ「水の惑星」なのか　唐戸俊一郎
2015 三つの石で地球がわかる　藤岡換太郎
2021 海に沈んだ大陸の謎　佐野貴司
2067 フォッサマグナ　藤岡換太郎
2068 太平洋　その深層で起こっていること　蒲生俊敬
2074 地球46億年　気候大変動　横山祐典
2075 日本列島の下では何が起きているのか　中島淳一
2094 富士山噴火と南海トラフ　鎌田浩毅
2095 深海――極限の世界　藤倉克則・木村純一＝編著／海洋研究開発機構＝協力
2097 地球をめぐる不都合な物質　日本環境学会＝編著
2116 見えない絶景　深海底巨大地形　藤岡換太郎
2128 地球は特別な惑星か？　成田憲保
2132 地磁気逆転と「チバニアン」　菅沼悠介

ブルーバックス　地球科学関係書（II）

2134 大陸と海洋の起源　アルフレッド・ウェゲナー　竹内　均＝訳　鎌田浩毅＝解説
2148 温暖化で日本の海に何が起こるのか　山本智之
2180 インド洋　日本の気候を支配する謎の大海　蒲生俊敬
2181 図解・天気予報入門　古川武彦／大木勇人
2192 地球の中身　廣瀬　敬

ブルーバックス　趣味・実用関係書(I)

35 計画の科学　加藤昭吉
733 紙ヒコーキで知る飛行の原理　小林昭夫
921 自分がわかる心理テスト　芦原　睦／桂　戴作＝監修
1063 自分がわかる心理テストPART2　芦原　睦＝監修
1073 へんな虫はすごい虫　安富和男
1084 図解　わかる電子回路　加藤　肇／見城尚志／高橋　久
1112 頭を鍛えるディベート入門　松本　茂
1234 子どもにウケる科学手品77　後藤道夫
1245 「分かりやすい表現」の技術　藤沢晃治
1273 もっと子どもにウケる科学手品77　後藤道夫
1284 理系志望のための高校生活ガイド　鍵本　聡
1307 理系の女の生き方ガイド　宇野賀津子／坂東昌子
1346 図解　ヘリコプター　鈴木英夫
1352 確率・統計であばくギャンブルのからくり　谷岡一郎
1353 算数パズル「出しっこ問題」傑作選　仲田紀夫
1364 理系のための英語論文執筆ガイド　原田豊太郎
1366 数学版　これを英語で言えますか？　保江邦夫　E・ネルソン＝監修
1368 論理パズル「出しっこ問題」傑作選　小野田博一
1387 「分かりやすい説明」の技術　藤沢晃治
1396 制御工学の考え方　木村英紀
1413 『ネイチャー』を英語で読みこなす　竹内　薫
1420 理系のための英語便利帳　倉島保美／榎本智子　黒木　博＝絵
1443 「分かりやすい文章」の技術　藤沢晃治
1478 「分かりやすい話し方」の技術　吉田たかよし
1493 計算力を強くする　鍵本　聡
1516 競走馬の科学　ＪＲＡ競走馬総合研究所＝編
1520 図解　鉄道の科学　宮本昌幸
1536 計算力を強くするｐａｒｔ２　鍵本　聡
1552 「計画力」を強くする　加藤昭吉
1553 図解　つくる電子回路　加藤ただし
1573 手作りラジオ工作入門　西田和明
1596 理系のための人生設計ガイド　坪田一男
1623 「分かりやすい教え方」の技術　藤沢晃治
1629 計算力を強くする　完全ドリル　鍵本　聡
1630 伝承農法を活かす家庭菜園の科学　木嶋利男
1653 理系のための英語「キー構文」46　原田豊太郎
1660 図解　電車のメカニズム　宮本昌幸＝編著
1666 理系のための「即効！」卒業論文術　中田　亨
1671 理系のための研究生活ガイド　第2版　坪田一男
1676 図解　橋の科学　土木学会関西支部＝編　田中輝彦／渡邊英一　他
1688 武術「奥義」の科学　吉福康郎
1695 ジムに通う前に読む本　桜井静香

ブルーバックス　趣味・実用関係書（II）

1696 ジェット・エンジンの仕組み　吉中　司
1707 「交渉力」を強くする　藤沢晃治
1725 魚の行動習性を利用する釣り入門　川村軍蔵
1773 「判断力」を強くする　藤沢晃治
1783 知識ゼロからのExcelビジネスデータ分析入門　住中光夫
1791 卒論執筆のためのWord活用術　田中幸夫
1793 論理が伝わる　世界標準の「書く技術」　倉島保美
1796 「魅せる声」のつくり方　篠原さなえ
1813 研究発表のためのスライドデザイン　宮野公樹
1817 東京鉄道遺産　小野田　滋
1847 論理が伝わる　世界標準の「プレゼン術」　倉島保美
1864 科学検定公式問題集　5・6級　竹内 薫＝監修　桑子 研／竹田淳一郎
1868 基準値のからくり　村上道夫／永井孝志／小野恭子／岸本充生
1877 山に登る前に読む本　能勢　博
1882 「ネイティブ発音」科学的上達法　藤田佳信
1895 「育つ土」を作る家庭菜園の科学　木嶋利男
1900 科学検定公式問題集　3・4級　竹内 薫＝監修　桑子 研／竹田淳一郎
1910 研究を深める5つの問い　宮野公樹
1914 論理が伝わる　世界標準の「議論の技術」　倉島保美
1915 理系のための英語最重要「キー動詞」43　原田豊太郎
1919 「説得力」を強くする　藤沢晃治

1926 SNSって面白いの？　草野真一
1934 世界で生きぬく理系のための英文メール術　吉形一樹
1938 門田先生の3Dプリンタ入門　門田和雄
1947 50ヵ国語習得法　新名美次
1948 すごい家電　西田宗千佳
1951 研究者としてうまくやっていくには　長谷川修司
1958 理系のための法律入門　第2版　井野邊　陽
1959 図解　燃料電池自動車のメカニズム　川辺謙一
1965 理系のための論理が伝わる文章術　成清弘和
1966 サッカー上達の科学　村松尚登
1967 世の中の真実がわかる「確率」入門　小林道正
1976 不妊治療を考えたら読む本　浅田義正／河合　蘭
1987 怖いくらい通じるカタカナ英語の法則　ネット対応版　池谷裕二
1999 カラー図解　Excel「超」効率化マニュアル　立山秀利
2005 ランニングをする前に読む本　田中宏暁
2020 「香り」の科学　平山令明
2038 城の科学　萩原さちこ
2042 日本人のための声がよくなる「舌力」のつくり方　篠原さなえ
2055 理系のための「実戦英語力」習得法　志村史夫
2056 新しい1キログラムの測り方　臼田　孝
2060 音律と音階の科学　新装版　小方　厚